SHI DA

KEXUE

ZHENGLUN

十大科学争论

刘路沙　**主编**

张明国　**编著**

广西出版传媒集团 | 广西科学技术出版社

图书在版编目（CIP）数据

十大科学争论 / 刘路沙主编. —南宁：广西科学技术
出版社，2012.8（2020.6重印）

（十大科学丛书）

ISBN 978-7-80666-121-5

Ⅰ．①十… Ⅱ．①刘… Ⅲ．①自然科学史—世界—
青年读物②自然科学史—世界—少年读物 Ⅳ．① N091-49

中国版本图书馆 CIP 数据核字（2012）第 190800 号

十大科学丛书
十大科学争论

刘路沙　主编

责任编辑	池庆松		封面设计	叁壹明道
责任校对	陈业槐		责任印制	韦文印

出　版　人	卢培钊
出版发行	广西科学技术出版社
	（南宁市东葛路 66 号　邮政编码 530023）
印　　刷	永清县晔盛亚胶印有限公司
	（永清县工业区大良村西部　邮政编码 065600）
开　　本	700mm×950mm　1/16
印　　张	17
字　　数	219千字
版次印次	2020 年 6 月第 1 版第 4 次
书　　号	ISBN 978-7-80666-121-5
定　　价	29.90 元

本书如有倒装缺页等问题，请与出版社联系调换。

青少年阅读文库

编者的话

在日常生活和学习中，少年朋友们会遇到各种争论、讨论和辩论，如各种科学研讨会、班组讨论会、各种辩论会或辩论大赛等。可以说，争论无时不在，无处不有，它已经成为我们生活、工作和学习的重要内容之一，它使我们的生活变得丰富多彩，充满着生机和活力。

争论是人类智慧发达的表现，更是新理论、新思想的发源地或生长点。它推动着人类文明不断进步和社会不断发展。

科学争论指在两个或两个以上的科学家之间，围绕着某些科学问题所进行的公开对立与争鸣。在科学发展史上，科学争论可以说是屡见不鲜、不胜枚举的。从这个意义上说，一部科学史，也就是一部科学争论史。科学争论促进了新兴科学理论的孕育和诞生，它是促进和推动科学发展的重要手段和强大动力。正如毛泽东同志所指出的那样："在辩论中间，在斗争中间，我们就会明白了这些事情，就会懂得解决问题的方法。各种不同意见辩论的结果，就能使真理发展。"（《毛泽东选集》第五卷，人民出版社，1977 年版，第 415～416 页）

本书首先向少年朋友们介绍了在科学史上发生的 10 场重大的科学争论，其次简要叙述了其他科学争论，最后以"科学争论大事记"的形式，尽可能全面地概述历史上发生的科学争论。

在阅读过程中，少年朋友们会看到，科学争论涉及到数学、物理、化学、天文学、地理学、地质学、生物学、人类学以及技术等方面，真可谓复杂多样，无处不有。然而，从总体上看，科学争论大体表现为两种形式：一种是围绕着科学发明权或发现权问题而展开的争论，另一种是围绕着某种科学问题或科学理论而展开的争论。本书着重介绍了后一种争论形式。涉及到前一种争论形式的，只有牛顿与莱布尼茨之间的争论。当然，这种形式的争论还有许多，例如，意大利著名物理学家伽利略曾经为自己拥有几何学和军用罗盘的发明权而与他人展开过争论，英国著名物理学家法拉第与丹麦物理学家奥斯特围绕电磁感应的发现权展开过争论，德国科学家迈尔围绕能量转化和守恒定律的发现权与其他发现者展开过争论，等等。

在阅读过程中，少年朋友们将深深体会到，引起科学争论的原因是多方面的，其中包括各位科学家的哲学观点和认识方法不同、观察角度不同，以及研究手段、方法、途径不同等，这些都有可能导致科学争论。这就是说，在向未知领域探索的过程中，科学争论的发生是客观的、必然的，也是必要的。因此，要敢于正视和面对科学争论，敢于参与科学争论，并在争论中相互交流，取长补短，共同创造新成就，开拓新领域，在科学的道路上共同前进。一切回避或消极地对待科学争论的态度和行为，都将是不可取的。

在阅读过程中，少年朋友们还会认识到，科学争论要求在自由、平等、民主、友好的氛围中进行。这不仅要求参与争论者具备良好的品德、正确的态度、严谨求实的科学精神，还需要国家、社会为科学争论营造一个良好的环境，即"百花齐放，百家争鸣"的环境。只有这样，科学争论才能顺利进行，取得效果。

在阅读过程中，少年朋友们更应该认识到，任何依靠行政上的粗暴干预，凭借某些特殊权威，依据个人的主观臆断、偏爱和意愿，都不能最终圆满解决问题和平息争论，相反，还会带来不良的恶果。只有通过科学实验的准确检验，才能科学地评判争论，真正解决问题，直至彻底平息争论。也就是说，科学实验是检验争论双方观点对错、平息科学争论的根本标准和有效方法。从科学争论史中屡次体现出，实践是检验真理的唯一标准。

在阅读过程中，少年朋友们还会了解到，在科学争论史中，科学家既要围绕着某种科学问题或学术理论展开正常争论，又要与那些反对科学、阻碍科学发展的某些宗教神学势力和学术领域中的霸权作风进行不屈不挠的斗争。科学家往往因此遭受到打击和迫害，甚至献出了宝贵的生命。从这个意义上又可以说，一部科学争论史，又是一部进步与落后、文明与愚昧、科学与伪科学的斗争史。

今天，改革开放、民主科学的大好形势，为进行正常的科学争论创造了优越的外部环境。作为未来的接班人和 21 世纪的主人翁，少年朋友们要更加珍惜和充分利用优越条件，在今后的学习、工作中，既要敢于正视科学问题和不同的学术观点，敢于坚持真理，不畏权势，敢于参与科学争论，更要认真学习，掌握知识和技能，培养严谨、求实、进取的治学精神和高尚品德，善于进行科学争论。在科学争论中，取他人之长，补己之短，不断充实自己和完善自己，以相互促进，共同发展。

"百花齐放，百家争鸣"，这是保证科学争论顺利进行的重要条件，也是指导科学争论的正确方针。

"实践是检验真理的唯一标准"和"实事求是"，是圆满解决科学争论、合理平息科学争论的根本原则。

希望这些原则能够成为少年朋友参与科学争论的行动指南。

在本书撰写过程中，作者主要参考了朱新民主编的《科学史上的重大争论集》（湖南科学技术出版社，1986 年版）、王维编著的《地球的形状》（科学出版社，1982 年版）、任元彪等编的《遗传与百家争鸣》（北京大学出版社，1996 年版）、孙小礼主编的《现代科学的哲学争论》（北京大学出版社，1995 年版）等文献资料。在此，谨向这些文献编著者致谢。此外，还要感谢东北大学博士生导师远德玉教授的大力支持与帮助。希望读者尤其是广大少年朋友对本书内容多提宝贵意见，展开科学争论。

编著者：张明国

目 录

一、谁最先发明了微积分

——牛顿与莱布尼茨之争

牛顿与莱布尼茨都是近代著名的物理学家和数学家。他们在总结前人研究成果的基础上，各自独立地发明了"微积分"这一重要的数学理论和方法，对于推动近代数学的研究与发展起到了重要作用。

然而，在他们当中，谁最先发明了微积分？也就是说，微积分的最先发明权应该属于谁？是属于牛顿呢，还是属于莱布尼茨？围绕着这一问题，在牛顿与莱布尼茨之间，尤其是在他们的继承者们中间，展开了激烈的争论，在当时的数学界产生了很大影响。

下面就把这场争论的过程及结果向少年朋友们介绍一下。

（一）牛顿与莱布尼茨的生平及业绩

1. 牛顿的生平与业绩

1642 年 12 月 25 日，牛顿出生在英国东部的一个小村庄里。他的父亲是一个普通农民。就在牛顿出生前，他的父亲因病去世了。牛顿刚生下来时，瘦小虚弱，险些死去。然而，他还是活下来了。

由于家境贫寒，牛顿的母亲不得不改嫁他人，牛顿只好跟随外祖母生活。失去父母爱护的牛顿自幼就养成了胆小、腼腆、孤僻的性格。

牛顿上小学时，学习成绩较差，经常遭到同学们的嘲笑。然而，牛顿却善于观察思考，并且，他还做出了许多小发明，"牛顿钟"就是其中的一项。

当时，人们还没有钟表，只能通过太阳移动的位置来估算时间，因而很不准确。牛顿想，能不能发明出一个能够准确计算时间的钟表呢？有一天，牛顿边走边考虑着发明钟表的事，忽然，他发现，自己的影子随着太阳的移动而移动。这个现象给了牛顿很大启发，他马上回家开始制作钟表。他首先在一个圆盘的边缘刻上数字，在圆盘的中央插入一根小木棍。然后，再把它

艾萨克·牛顿

们一起放在太阳能照射到的地方。当太阳光照在小木棍上时，小木棍就会在圆盘上留下一个影子，太阳移动，影子就在圆盘上随着移动。这样，通过查看圆盘影子所指示的数字刻度，就可以比较准确地知道时间了。人们把这种钟叫做"牛顿钟"。

牛顿在上中学时，他的发明创造能力越来越显露出来，他能够独自制作美丽的风筝、小巧玲珑的风车等。这种独创素质，为他以后成为一名科学家打下了基础。

牛顿14岁时由于家庭贫穷，只好中途辍学，回家干活。然而，他并未放弃学习，而是经常自学。他的舅父很喜欢牛顿的刻苦钻研精神，于是，就设法帮助他重返学校读书。牛顿十分高兴，在学校期间，他更加刻苦学习。

1661年6月，牛顿考入剑桥大学，跟随当时被称为"欧洲最优秀的学者"、著名科学家巴罗（1630—1677）教授学习数学、物理学等自然科学知识。牛顿的刻苦钻研精神以及他在学业上所取得的优异成绩，受到

通过查看圆盘上影子所指示的数字刻度就可以比较准确地知道时间了。

了巴罗教授的高度评价。在他的极力推荐和支持下，26岁的牛顿就成为剑桥大学的数学教授，从而为以后从事科学研究创造了有利条件。

1665年～1667年，英国流行瘟疫，剑桥大学被迫停课，牛顿只好回老家休息。然而，就在这短短的两年里，牛顿完成了一系列发明创造。例如，他先后发明或发现了"级数近似法""切线法""正反流数法"（即微积分）、颜色理论、万有引力定律等。这些重大成果的发明与发现都是与牛顿所具有的善于观察、思考的品质和刻苦钻研的精神分不开的。

在以后的岁月里，牛顿又有一系列伟大发现与发明，例如，他创立了牛顿三大定律，发现了光具有粒子性特点等。在数学、物理学等领域中都有他的伟大成果。其中，他创立的三大定律和万有引力定律成为经典物理学的基本理论，同时也使他成为一位著名的物理学家和数学家。

牛顿以科学研究上取得的一系列重大成果提高了他的地位和声望。1672年，他被选为英国皇家学会会员，1703年又被任命为皇家学会会长。此外，他还被封为贵族爵士。

在巨大的名誉面前，牛顿毫无狂妄自大之意，而是始终保持谦虚谨慎的态度，依然勤奋地研究和探索着。这正如牛顿自己所说的那样：

"我不知道世人对我是怎样的看法，但是在我看来，我不过像一个在海滨玩耍的孩子，偶尔很高兴地拾到几颗光滑美丽的石子或贝壳；但那浩瀚无涯的真理的大海，却还在我的前面未曾被我发现呢！"

"如果我之所见比笛卡尔等人要远一些，那只是因为我站在巨人肩上的缘故。"

在上面两段话中，牛顿把科学比作是一个浩瀚无涯的大海；把自己探索科学真理以及所取得的一系列重大成果，比作孩子在海边偶尔拾到石子或贝壳，还没有真正探索、揭开大海的奥秘。他把自己所取得的伟大成就说成是站在巨人肩上取得的，而没有突出夸耀自己的发明创造，这是多么谦虚、真诚，多么感人肺腑的话语啊！牛顿身上所体现出的不断追求、锲而不舍、虚怀若谷、谦虚谨慎的伟大品德和崇高精神，是最宝贵的精神财富，值得今天的广大少年朋友学习！

牛顿在科学研究方面所取得的伟大成绩，大都是在他前半生完成的。到了晚年，牛顿没有继续研究物理学和数学，而是研究《圣经》，研究宗教神学，反而背离科学了。因此，牛顿后半生（他于1727年3月20日去世）在科学领域中没有取得什么科学成果。由此可见，宗教神学与科学是尖锐对立的，我们应当坚定不移地反对神学、信仰科学、研究和发展科学，去造福于全人类。这一点，少年朋友们要牢牢记住！应当学习牛顿在青少年和中年时期所具有的追求科学的精神和品质，而不要像晚年时期的牛顿那样迷信宗教神学。

2. 莱布尼茨的生平与业绩

莱布尼茨是一位百科全书式的思想家，被称为"千古绝伦的大智者"，"多才多艺的大师"。1646年6月21日，莱布尼茨出生在德国东部的一个名叫来比锡的地方。他自幼聪明好学，兴趣广泛。1661 年，15 岁的莱布尼茨考上了来比锡大学，在来比锡大学学习法律，同时，他发愤学习数学、哲学、生物学等学科。他特别喜欢数学，1666 年，他通过自学，发表了一篇数学论文，显示了他在数学方面的才华。

毕业后，莱布尼茨一边从事外交工作，一边努力钻研数学，取得了许多项研究成果，微积分就是其中的杰出成果。1684 年，他在《学艺》杂志上发表了关于微积分的论文，创立了微积分。

这里，我想着重向少年朋友们介绍的是，莱布尼茨虽然是德国人，远离中国，也没有来过中国，但他却对中国的科学文化抱有极大的兴趣。

明末清初，欧洲的许多传教士纷纷来到了中国。他们一边向中国人宣传西方宗教，一边传播西方近代先进的科学技术。回国后，他们又把中国的科学文化传给了西方人。

莱布尼茨一边与来华的传教士进行通信交流，从中了解中国，一边大量阅读关于中国的各种文献，从中学习中国的科学文化。

1672 年～1676 年，莱布尼茨发明了二进位值制算术法。

我们现在使用的是十进位值制记数法。"十进"是指逢十进一，"位值"是指同样一个数在不同位置上表示不同的值。例如，同样是 2，在个位上（如 2）表示 2 个，在十位上（如 21）则表示 20，在百位上（如 210）则表示 200。

使用十进位值制记数法，就可以用从 0 到 9 这 10 个数表示所有的数。少年朋友们最初学习记数的时候，经常用 10 个手指头来记数，这也与十进位值制有关。可见，用十进位值制记数法记数是很方便的。

莱布尼茨

　　上面所说的用阿拉伯数字记数的十进位值制，是印度人在公元 6 世纪发明的。其实，十进位值制记数法最先是由我们中国人发明的，这显示出我国古代劳动人民的聪明才智。

　　除了我国古人发明十进位值制记数法以外，古代中美洲的玛雅人还发明了 20 进制记数法，古代巴比伦人还发明了 60 进制记数法。

　　那么，莱布尼茨发明的二进制算术法是怎么一回事呢？

　　二进制也是一种记数方法，它与十进制不同的是：它不是用 10 个数来表示数，而只用 0 和 1 这两个数来表示数。例如，十进制的 2，用二进制表示为 10；十进制的 5，用二进制表示为 101。这就是说，在二进制里，只有 0 和 1 这两个数，用这两个数可以表示其他数。电子计算机就是利用二进制方法来进行数学运算的。

　　1697 年，莱布尼茨在与法国来华传教士白晋通信交流时惊奇地发现，他发明的二进制算术法与中国古代《易经》中的 64 卦图的符号很相似，

电子机算机就是利用二进制方法进行数学运算的。

如果把这个图中的阴爻即"— —"看作0，把阳爻即"——"看作1，那么，64卦恰好就是从0到63的二进制数字。

莱布尼茨惊喜万分，他认为古代中国人早已掌握了二进制记数法，后来放弃了，现在又由他重新发明。可见，中西方的科学家们在不同地区、不同时间都发明了二进制记数法。

通过阅读有关古代中国的科学著作，莱布尼茨更加赞叹中国古代发达的文明。这正如他自己所说，"谁人过去曾经想到，地球上还存在着这么一个民族，它比我们这个自以为在所有方面都教养有素的民族更加具有道德修养？自从我们认识中国人之后，便在他们身上发现了这点。如果说我们在手工艺技能上与之相比不分上下，而在思维科学方面略胜一筹的话，那么在实践哲学方面，即在人类实际生活的伦理以及治国学说方面，我们实在是相形见绌了。"

因此，莱布尼茨极力主张中西双方开展科学文化交流，以促进彼此共同发展。他说："必须用我们的知识同他们进行交换，以便补充自己。我们只要对他们的生活习惯作一单纯而精确的描述，就可以获得很重要的知识，而且在我看来那种知识比希腊和罗马的礼节和器具知识更为有用。"

由此可见，莱布尼茨不仅是一位伟大的数学家，还是一位"中国通"，一位促进中西方科学文化交流的友好使者，这些都值得处于改革开放大好时代中的少年朋友们好好学习。

（二）微积分面面观

微积分是少年朋友们以后将在大学里学到的一门高等数学知识。这里，只把有关微积分的大致情况向少年朋友们介绍一下。有关它的详细内容，你们要等到系统学习时才能掌握。

1. 什么是微积分

先向少年朋友们提出两个问题：

①如果知道某一个物体（如汽车）运动的速度不变（即匀速运动），它在 2 小时内走了 120 千米，要求你们计算出这个物体在这段时间的速度是多少。

学习过物理学的少年朋友马上会计算出来。这就是：根据公式 s（距离）$=v$（速度）$\times t$（时间），就能计算出 v 的值，即，$v=\dfrac{s}{t}=\dfrac{120\ \text{千米}}{2\ \text{小时}}$ $=60$ 千米/小时。这就是说，这个物体在 2 小时内运动的速度是每小时 60 千米。

然而，如果再问你们：这个物体运动的速度是变化的，那么，这个物体在任何时刻（而不是在某段时间内）的速度又是多少呢？

在这种情况下，就不能用 $v=\dfrac{s}{t}$ 这个公式计算了。因为这个公式是计算做匀速运动的物体的速度公式，它不适用于变速运动。另外，即使能用这个公式，由于上述物体在任何时刻所走的距离和所用的时间都是 0，因此，就会得出 $v=\dfrac{0}{0}$ 这样的结果，而分母是零，这个公式也就无意义了，所以，也计算不出物体运动的速度。那么，怎样运算呢？

②如果知道圆的半径是 4 米，那么，这个圆的面积是多少？

学习过初等几何的少年朋友就会根据 s（面积）$=\pi r^2$（半径），求出圆的面积是 $s=3.14\times 4^2=50.24$ 米^2。

然而，如果再问你们：这个圆不是用平滑的线围成的，而是用曲线围成的，那么，这个圆的面积又是多少呢？

在这种情况下，就不能再用 $s=\pi r^2$ 这个公式计算了。那么，怎样计算呢？

类似上面的问题还有许多，比如，求函数的最大值和最小值、求某一条曲线的切线等等。

微积分就是解决上面那些问题的一种数学理论和方法。少年朋友在以后的学习过程中就会知道如何利用微积分来计算，这里就不多说了。

2. 微积分名称的由来

牛顿在发明微积分的时候，还没有发明"微积分"这个词。当时，他把微积分叫做"流数术"或"流数法"，意思是求流动变化的数的技术或方法。这个名称被后人淘汰了。

莱布尼茨在发明微积分的时候，把微分叫做"求差计算"，把积分叫做"求和计算"。后来，这两个词就分别成了"微分"和"积分"的专门术语了。人们时常把它们合起来称为"微积分"，它的英语名词"Calculus"就是由此而来。

是谁把"Calculus"翻译成"微积分"的呢？是我国近代著名数学家和翻译家李善兰（1811—1882）。他一生中翻译了西方数学方面的大量著作，为促进中西方的数学交流做出了重大贡献。

1859 年，李善兰与西方传教士伟烈亚力共同翻译出版了我国第一部关于微积分的数学译著《代微积拾级》。在这部著作中，他第一个把英语里的"Calculus"翻译成"微积"。从此，微积分名词在中国诞生了。

3. 牛顿、莱布尼茨以前的微积分

有的少年朋友可能要问：微积分不是由牛顿和莱布尼茨发明出来的吗？在他们以前难道还会有微积分吗？

是的！牛顿与莱布尼茨虽然发明了微积分，然而，在他们以前，已经有许多人研究过微积分了。这正如伟大导师恩格斯所说的那样，微积分"大体上是由牛顿和莱布尼茨完成的，但不是由他们发现的"。早在牛顿和莱布尼茨以前，就有许多科学家研究微积分了，而且，他们还形成了许多研究成果。

早在古代，中西方的哲学家和科学家，如古希腊时期的著名哲学家德谟克利特（公元前 460—公元前 370）、著名数学家阿基米德（公元前 287—公元前 212）、我国春秋战国时代伟大的哲学家庄子（公元前 369—公元前 286）、汉代著名数学家刘徽以及南北朝时期著名数学家祖暅之（祖冲之的儿子）等，都研究过有关微积分方面的问题，他们都萌发了微积分的思想。

到了近代，西方科学家们对微积分进行了大量研究，取得了很多研究成果。

例如，法国数学家费马（1601—1665）和笛卡尔（1596—1650）等人都曾研究过"切线"问题和"极值"问题，这些问题都与微积分有关。

意大利著名数学家卡瓦列利（1598—1647）创立的解决微积分问题的著名理论——"不可分原理"，被认为是微积分的原始雏形。以后，这个理论又被英国数学家瓦里士（1616—1703）在他的《无穷小算术》一书中发展了。

英国著名数学家巴罗（他是牛顿的老师）通过研究关于曲线的切线计算问题，引入了"微分三角形"，发明了求切线的方法，他被认为是微分学的真正发明人。

此外，日本著名学者关孝和（1643—1708）也研究过关于微积分学方面的问题。

牛顿和莱布尼茨在继承和总结上述前人研究成果的基础上，终于各自独立地发明了微积分。

（三）谁最先发明了微积分

牛顿与莱布尼茨之间围绕着谁是微积分的最先发明者这个问题展开了争论，这场争论即使到他们都逝世以后，也没有终止，一直持续了100年之久。

1. 发明微积分的大致经过

究竟谁最先发明了微积分？在回答这个问题之前，首先把他们各自发明微积分的大致经过介绍一下。

前面讲过，早在1665年，牛顿为躲避当时流行的瘟疫，被迫休学了。在这期间，牛顿完成了一系列重大发明，其中，就包括了微积分。

以后，牛顿又先后于1669年、1671年和1676年，撰写了两篇论文

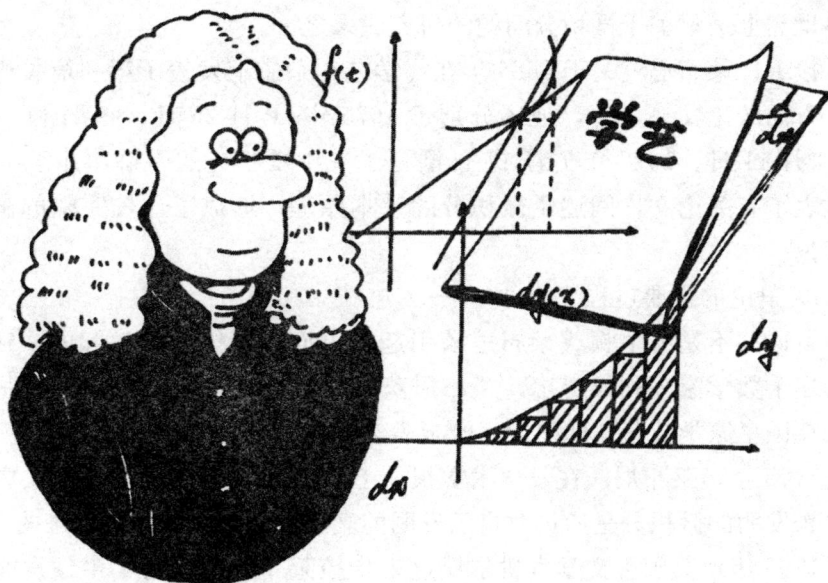

1684 年，莱布尼茨在《学艺》杂志上发表了第一篇关于微分学方面的论文。

和一部著作，论述了他研究微积分的成果。这三项成果分别是：《运用无穷多项方程的分析学》（论文）、《流数法与无穷级数》（著作）、《曲线求积术》（论文）。

然而，由于牛顿感到自己研究得还不透彻，对有些问题还没有彻底弄清，需要进一步研究确认，富有严谨、求实精神的牛顿在写完上述论文和著作以后，并没有立即把它们公开发表，直到 1711 年、1736 年、1704 年，这些论文和著作才分别被公诸于世。

1687 年，牛顿在他发表的《自然哲学的数学原理》一书中，阐述了关于微积分的基本原理。这是牛顿第一次公开发表关于微积分的研究成果。

莱布尼茨是从 1674 年开始研究微积分的。

1684 年，他在《学艺》杂志上发表了第一篇关于微分学方面的论文，这是世界上最早关于微积分问题的研究成果之一。

接着，莱布尼茨又于 1686 年在《学艺》杂志上发表了第一篇关于积分学方面的论文。此外，他还分别于 1675 年 10 月 26 日、29 日和 1675 年 11 月 11 日、1677 年 7 月 11 日撰写了关于微积分的手稿，并于 1693 年发表了有关论文，阐述了微积分的基本原理，形成了比较完整的微积分理论。

2. 争论的主要过程

争论并不是由牛顿或莱布尼茨引起的，而是由第三者发起的。1699 年，瑞士数学家丢利埃提出，莱布尼茨的微积分理论是从牛顿那里得来的。英国皇家学会获知此事后，既未表态，也未阻止他。

1705 年，莱布尼茨在《学术学报》上发表了一篇匿名评论，文中暗示牛顿发明的微积分是通过对自己发明的微积分加以改变后得出来的。

1708 年，英国天文学家凯尔反过来指控莱布尼茨剽窃了牛顿发明微积分的成果。莱布尼茨获知后，便向英国皇家学会提出上诉，对凯尔的指控加以反驳。

1712 年，英国皇家学会组成了主要由牛顿的朋友参与的调查委员会，该调查委员会发表了一篇报告，其中肯定了牛顿发明微积分的优先权，驳回莱布尼茨的上诉，没有判定莱布尼茨是否独立地发明了微积分和凯尔对莱布尼茨的指控是否正确。显然，调查委员会的报告是不公正的，它偏袒了牛顿，而没有维护莱布尼茨的权益。

莱布尼茨对上述报告不服，于是他向英国皇家学会申诉，为自己讨回公道。

一次，英国皇家学会召开了由外国大使出席的会议。与会者商讨了牛顿与莱布尼茨之间的争论问题，建议由牛顿与莱布尼茨个别协商解决。

其实，早在 1687 年，牛顿在他的《自然哲学的数学原理》（第一版）这部著作中，已经承认了莱布尼茨独立发明了微积分。他在书中写道："10 年前在我和最杰出的几何学家 G. W. 莱布尼茨的通信中，我表明我已知道确定极大值和极小值、作切线以及解决其他类似问题的方法，但我在交换的信件中隐瞒了这种方法……这位卓越的人在回信中写道，他也发现了解决这些问题的方法，并且叙述了他的方法，他的方法与我的方法几乎没有什么不同，除了他的措词和符号以外。"

上面这段文字在1713年再次出版的上述著作中还保留着，但是，在1726年第三次出版的这部书中，不知是什么原因，也不知是谁竟然把上面那段重要文字删除了。这真是令人不可思议！

牛顿既然已经承认莱布尼茨独立地发明了微积分，那么，他们两人经过单独协商后，总应该有比较圆满的结果，也应该结束这场争论吧？然而，问题仍然没有解决，争论仍然没有结束。

牛顿与莱布尼茨相继逝世以后，这场争论仍然在他们的崇拜者之间持续进行。

3. 产生争论的主要原因

既然牛顿与莱布尼茨各自都撰写并发表了有关微积分方面的论文和著作，那么，他们为什么会产生争论呢？我们认为，产生争论的主要原因是：①两人发明微积分的时间标准难以确定；②两人在发明过程中有过交流；③两国学者的狭隘民族意识作祟。

首先，如果仅凭他们二人公开发表论文和著作的时间来判断，那么，由于牛顿最先公开发表微积分著作（即《自然哲学的数学原理》）的时间是1687年，而莱布尼茨最早公开发表微积分学论文的时间却是1684年，比牛顿早3年，因此，从表面上看，似乎可以断定，莱布尼茨最先发明了微积分。

然而，牛顿早在1665年就开始研究微积分，并完成了初步研究成果，而莱布尼茨从1674年才开始研究微积分。牛顿的有关论文和著作虽然分别在1711年、1736年、1704年才公开发表，但是，这些论著却是他早在1669年、1671年、1676年就已经写完了的。虽然这些论著没有立即公开发表，然而，它们却足以证明，牛顿比莱布尼茨先发明了微积分（莱布尼茨虽然也写了未公开发表的有关手稿，但仍然比牛顿晚）。另外，1669年，牛顿在写完上述论文以后，还把它发送给了他的朋友们。

物证人证俱在，充分说明了牛顿是微积分的最先发明者。

　　这样，围绕谁最先发明微积分的问题，仅从时间上看，就出现了两种截然相反的判断结果，这不能不引起争论。

　　其次，牛顿与莱布尼茨并非像少年朋友所想像的那样，各自独立研究，互不交流。事实上，他们在研究微积分的过程中，经常互相通信交流，叙述自己的研究近况，询问对方的研究进展情况。这又成为引起争论的一个原因。

　　例如，莱布尼茨曾于 1673 年去了英国首都伦敦，会晤了许多数学家。然而，早在 1669 年，生活在英国的牛顿就把他写的有关微积分的论文分发给了他的许多朋友，或者以通信的方式把他发明微积分的事告诉给了他的朋友们。因此，在莱布尼茨会晤的许多数学家中间，难免会有牛顿的朋友，这些人也许会把有关微积分的事情透露给莱布尼茨。这样，莱布尼茨就可能间接地与牛顿进行交流了。这也许成为引起他们双方争论的又一原因。

　　不仅如此，牛顿还与莱布尼茨直接通信，围绕微积分研究进行了相互交流。

　　1674 年，莱布尼茨向英国皇家学会的秘书奥丁堡（1615—1677）发信，告诉他自己研究微积分的部分成果。奥丁堡回信告诉莱布尼茨，说牛顿等人已经在研究微积分方面取得了一些成果。

　　莱布尼茨读完来信以后，又去信询问牛顿发明成果的内容。1676 年 6 月 13 日，牛顿写信回答了莱布尼茨提出的问题，并请奥丁堡把此信转给了莱布尼茨。

　　1676 年 8 月 27 日，莱布尼茨在收到了牛顿的来信以后，又发信请牛顿进一步将他的成果内容详细地告诉给自己。1676 年 10 月 24 日，牛顿又给莱布尼茨写了一封很长的回信，叙述了一些运用微积分解决难题的方法。然而，牛顿并没有具体解释这些计算方法，他还告诉莱布尼茨，说自己早在 1665 年至 1666 年间就已经发现了这种方法，意思是说自己首先发明了微积分。

1677 年 6 月 21 日，莱布尼茨读完牛顿的回信以后，又给牛顿写了信，向牛顿讲述了自己的研究工作。

再者，两国学者狭隘的民族意识，也成为在牛顿与莱布尼茨去世以后，争论仍在延续的深层原因。牛顿是英国人，莱布尼茨是德国人。英、德两国都是具有浓厚民族主义的国家。两国学者不仅把牛顿、莱布尼茨看成是科学巨匠，更把他们看成是自己国家和民族的象征，他们试图通过争夺微积分发明权，来宣扬本民族的荣耀。

4. 当"法官"，作"裁决"

如果让少年朋友们当"法官"，那么，你们会怎样"裁决"牛顿与莱布尼茨之间的这场持久"官司"呢？

先看牛顿与莱布尼茨的研究成果。

诚然，如果仅从他们二人公开发表的论文和著作的时间上看，莱布尼茨比牛顿提前了 3 年，由此可以说，莱布尼茨最先发明了微积分。然而，如果仅从他们二人开始从事微积分研究与最先完成的研究成果（手稿）的时间上看，牛顿又是微积分的最先发明者。这样，依据的判断标准不同，就会出现不同的判定结果。

再看牛顿与莱布尼茨之间的相互交流状况。

首先，根据莱布尼茨于 1673 年赴英国，会晤过数学家，而牛顿在此之前，已将他的研究成果透露给他的朋友这样一个史实判断，莱布尼茨很有可能对牛顿关于微积分问题的研究情况有所了解，但是，决不能以此断定莱布尼茨剽窃牛顿的成果，也不能说牛顿最先发明了微积分，因为证据仍不足。

其次，莱布尼茨虽然多次主动地发信，向牛顿询问有关微积分的研究情况，并请他把研究情况告诉给自己，但是，也不能以此就断定莱布尼茨剽窃了牛顿的研究成果。原因有以下几方面：

第一，英国皇家学会秘书奥丁堡虽然给莱布尼茨回信，告诉他关于牛顿发明微积分的情况，但是，由于他本人没有从事过这方面的研究，因此，他不会也不可能把牛顿的研究成果全部、详细地告诉给莱布尼茨。

这就是说，莱布尼茨不可能从奥丁堡那里获得牛顿的详细研究成果。

第二，牛顿真正开始给莱布尼茨回信告诉他自己关于微积分问题研究成果的时间是 1676 年 6 月 13 日，向莱布尼茨详细介绍自己成果的时间是 1676 年 10 月 24 日。现在暂且以 1676 年 6 月 13 日为标准来进行判断。

前面讲过，莱布尼茨于 1674 年开始研究微积分，1684 年公开发表第一篇关于微分学方面的论文。然而，莱布尼茨早在 1675 年就撰写了许多尚未公开发表的研究论文（手稿）。在手稿中，他对微分、积分的理论及其有关符号都进行了比较完整的阐述和规定。这就是说，在牛顿把他的研究成果向莱布尼茨介绍之前，莱布尼茨已经独自研究微积分并取得很多成果了。

牛顿只介绍研究结果，并用"颠倒文字"方式来叙述自己的研究成果。

第三，牛顿即使把自己的研究成果透露给莱布尼茨，也只是介绍了自己发明的结果，而没有对此作出详细解释。况且，牛顿在给莱布尼茨的回信中说："……现在我认为需要用颠倒文字的办法把这些记录下来，以免他人得到同样结果……"可见，牛顿只介绍研究结果，并用"颠倒文字"来叙述自己的研究成果，其目的是防止他人抄袭自己的研究成果。这说明牛顿在与莱布尼茨的交流过程中，已经考虑到了保密问题，并把这种想法坦率地告诉给了莱布尼茨。因此，莱布尼茨尽管请牛顿把他的研究成果告诉给自己，但也只知道牛顿研究的大概情况，而不可能详细了解他的研究方法和理论。

通过以上的分析和论证，就可以给牛顿与莱布尼茨之间的"官司"作出"裁决"了。这就是：①牛顿和莱布尼茨都在继承前人研究成果的基础上，各自独立地发明了微积分，在他们之间，不存在剽窃或抄袭的问题。②从发明微积分的时间来看，牛顿比莱布尼茨要早；而从公开发表研究成果的时间来说，莱布尼茨又比牛顿领先。他们都是微积分的发明者，都是微积分的奠基人。

其实，像这样由几个人同时发明或创立同一项科学理论或方法的例子并不少见。例如，法国数学家费马和笛卡尔几乎同时发现了解析几何原理，英国生物学家达尔文和华莱士也几乎同时创立了生物进化理论。这些都是客观事实，应当承认和正确对待。

应当补充说明的是，牛顿和莱布尼茨虽然各自独立发明了微积分，但是，他们各自研究的出发点不同。牛顿是从物理学角度（像前文举出的第一个问题）来研究的，莱布尼茨却是从几何学角度（像前文举出的第二个问题）来研究的。

还有，牛顿发明的微积分符号，如 $\dot{x}$ $\dot{y}$ 等并没有被后人使用，而是被淘汰了；而莱布尼茨发明的微积分符号，如 dx，dy 等迄今仍被人们使用。因此，当时他们对微积分的研究还很不严密，甚至模糊不清，但是，仅从发明微积分符号这一点上看，莱布尼茨要比牛顿高明得多，他被称为历史上最伟大的符号学者之一。

　　由此可见，应当正确看待牛顿和莱布尼茨发明微积分的客观史实。只有这样，才能客观、公正、科学地去评判这场争论，才能作出比较公正的"裁决"。那种以狭隘的民族偏见，以保守、迷信的态度去展开争论、评判争论，则是毫无意义的。英国人死抱牛顿发明的微积分名词不放，不愿意接受莱布尼茨发明的微积分术语和方法，从而阻碍了英国数学的发展，而在此期间德国的数学却获得了很大进步。由此可见，保守、迷信、狭隘民族主义是科学进步的障碍，也是科学争论的大敌。

二、要"互补原理"还是要"因果决定论"

——玻尔与爱因斯坦之争

玻尔和爱因斯坦都是 20 世纪伟大的物理学家。玻尔为创立量子力学作出了重大贡献,爱因斯坦则创立了相对论,他们都荣获了诺贝尔物理学奖。他们从 1927 年开始围绕微观物体运动是遵循因果规律,还是遵循统计规律这个问题展开了长期激烈的争论,这场争论直到他们逝世以后也没有结束。虽然如此,这场争论却促进了人们对量子力学的研究,促进了现代物理学的发展。玻尔与爱因斯坦虽然在学术上相互争论,但他们却在争论中结下了深厚的友谊,成为亲密的朋友。

下面,我们把这两位伟大科学家之间的争论向少年朋友们叙述一下,以便让你们了解到科学家们是如何看待科学争论,如何对待争论对方的。

(一)两位科学家的生平与业绩

1. 玻尔的生平与业绩

1885 年 10 月 7 日,玻尔出生在丹麦的一个名叫哥本哈根的城市里。他的祖父是语言学博士,父亲是哥本哈根大学的生理学教授。优越的家庭环境使得玻尔从小就受到了良好的教育。玻尔自幼聪慧好学、思维敏捷,又具有顽强的进取精神,这为他以后的成长打下了良好基础。

玻尔经常参加父亲组织的学术讨论会。每当父亲邀请一些物理学家、哲学家如赫弗丁、克里斯森等人来家里聚会讨论物理学、生理学问题的时候，他就默默地坐在旁边，一边听一边思考。虽然他对大人们讨论的问题还不大明白，但却逐渐培养了可贵的好奇心和思维能力。

N. 玻尔

1903年，18岁的玻尔考入哥本哈根大学，专门学习物理学。他还喜欢学习哲学和逻辑学。玻尔在学校里勤奋好学，学习成绩很好。1907年，他用自己发明设计的"水注振动法"测定出了水的表面张力，因而获得了丹麦皇家科学院颁发的金质奖章。4年以后，玻尔撰写了博士论文，题目是《金属电子论》。通过了论文答辩，他获得了博士学位。从此，玻尔以他的非凡智慧和毅力从事物理学的研究。

1911年9月，玻尔在卡尔斯堡基金会的支持下前往英国深造。1912年3月，他来到由著名物理学家卢瑟福领导的物理学实验室，从事原子核物理学的研究。在这里，他与卢瑟福一起探讨原子核的结构，彼此结下了深厚的友谊，并确定了自己以后的研究方向。

同年7月，玻尔回到哥本哈根大学继续从事物理学研究。他敢于冲破传统经典物理学思想的束缚，发展了原子结构理论，创立了量子轨道结构理论，并于1922年获得了诺贝尔物理学奖。当爱因斯坦获悉后，称赞这一理论是一个"最伟大的发现"。

玻尔创立的新型原子结构理论，震撼了当时的物理学界，也提高了他的声望。为了进一步集中更多人的智慧开展学术研究，玻尔经过两年的奔波忙碌，于1920年9月15日建成了哥本哈根理论物理研究所，并亲自担任所长。

玻尔敢于冲破传统经典物理学思想的束缚，发展了原子结构理论。

玻尔以他那虚怀若谷、谦虚谨慎、不抱偏见的高尚品德和对科学的无私奉献精神，吸引了来自全世界 30 多个国家的近千名科学家到此共同进行学术研究。在玻尔的支持和帮助下，许多科学家，特别是一些青年科学家先后取得了重大研究成果。

例如，德国科学家海森堡（1901—1976）在这里与玻尔共同研究，创立了矩阵力学、不确定性原理、电磁场量子论等重大理论，并于 1932 年荣获诺贝尔物理学奖；奥地利物理学家泡利（1900—1958）创立了"泡利不相容原理"，并于 1945 年获得了诺贝尔物理学奖；德国物理学家玻恩（1882—1970）提出了薛定谔波动力学中波函数的概率解释，并于 1945 年荣获诺贝尔物理学奖。与玻尔共事的还有英国物理学家狄拉克、匈牙利物理学家维格纳、荷兰物理学家克雷默斯、德国物理学家魏扎克、比利时物理学家罗森菲等。

玻尔与他们和睦相处，共同研究，在量子物理学方面取得了一项又一项重大成果，形成了一个团结、平等、充满友好和进取精神的科研团体，形成了在物理学界占有重要地位的举世闻名的物理学派别——哥本哈根学派。

量子力学的创立是 20 世纪物理学最伟大的一项成果。量子力学的创立虽然不是由玻尔一个人完成的，但与玻尔的伟大贡献分不开。这正如美国著名物理学家奥本海默所评论的那样："量子力学的建立不是哪一个人的功绩，而是来自不同国度的许多科学家共同努力的结果。然而从开始到结束，玻尔那种充满创造性的深刻思想和敏锐、长于批判的精神，始终指引并促进着事业的前进，使之深入，直到最后完成。"

玻尔不仅是一位伟大的科学家，而且还是一位维护和平的组织者和领导者。在第二次世界大战期间，他不顾个人安危，多次援救深受迫害的科学家，撰文谴责纳粹法西斯的残暴行为，向联合国呼吁禁止使用核武器。1957 年，玻尔获得了原子能和平利用奖。

1937 年，玻尔在美国和日本讲学期间，应我国中央研究院、中央大学、北京大学、清华大学等 10 多个单位联合邀请，前来北京、上海、杭州、南京等地讲授量子力学理论，并参观、游览了我国的文化名胜古迹，从而增进了中丹两国科学界的学术交流和两国人民之间的友谊。

1962 年 11 月 18 日，玻尔与世长辞，走完了他伟大的人生之路。

2. 爱因斯坦的生平与业绩

1879 年 3 月 14 日，爱因斯坦出生在德国一个名叫马尔姆城的一个犹太人家庭里。爱因斯坦在儿童时期并不聪明，被老师和同学认为是一个反应迟钝的孩子。然而，长到 14 岁时，他便显露出超凡智慧了，这表现在他能够独立自学高深的微积分和几何学。后来，他的全家因受生活所困，被迫迁往意大利谋生。他的父亲为了能够让爱因斯坦继续接受良好的学校教育，便把他送到瑞士的一所技术学校学习，以后，又转到苏黎世的联邦工学院学习。

1900年，爱因斯坦在苏黎世联邦工学院毕业以后，曾一度失业。到1902年，爱因斯坦在同学的帮助下，在伯尔尼专利局找到了一份工作，从而有了固定的生活来源。然而，热爱学习、进取向上的爱因斯坦并没有满足，他转赴苏黎世大学深造。在大学里，爱因斯坦勤奋学习，刻苦努力。1905年，他以优异的学习成绩获得了博士学位。

阿·爱因斯坦

就在他毕业的那一年，爱因斯坦完成了具有划时代意义的学术论文，这篇论文就是《论动体的电动力学》。在这篇论文中，爱因斯坦创立了伟大的狭义相对论。以后，爱因斯坦又马不停蹄，继续钻研，创立了广义相对论。

相对论的创立，进一步发展了牛顿经典物理学，成为20世纪现代物理学的又一重大成果，它与量子力学一起被认为是构筑现代物理学大厦的两大理论基石。

爱因斯坦不仅创立了相对论，还取得其他重大研究成果。他创立了光电效应理论，阐述了光的本性。他指出，光既具有波动性，又具有粒子性，它具有波粒二象性。爱因斯坦以他创立的"光电效应"理论，于1921年获得了诺贝尔物理学奖。

有的少年朋友可能要问，既然相对论的意义那么巨大，那么，爱因斯坦为什么没有以他创立的相对论而获得第二个诺贝尔物理学奖呢？根据爱因斯坦在物理学研究中所作出的伟大贡献，他应当获得两个甚至三个诺贝尔物理学奖。

是的，波兰著名女科学家居里夫人（1867—1934）就是因为她在物理学研究方面作出了重大贡献（先后发现了放射性元素"钋"和"镭"），而于1903年、1905年两次荣获诺贝尔奖。

　　要回答爱因斯坦为什么没有因创立相对论而获得诺贝尔奖这个问题，还要从爱因斯坦本人以及他所处的那个时代说起。

　　爱因斯坦是犹太人，他所处的时代正是第一次和第二次世界大战的非常时期。德国法西斯发动两次世界大战，给本国和其他国家人民的生命财产带来了巨大的灾难，这一切使得爱好和平的爱因斯坦十分气愤。他一边致力于物理学研究，一边参加反战爱国联盟，发表反战演说，呼吁和平，严厉谴责法西斯主义者的侵略暴行。他的言行既得到了爱好和平人们的支持和拥护，也遭到法西斯主义者的攻击与迫害。一些抱有激进民族主义思想的青年学生和科学家（如著名实验物理学家勒纳和斯塔克等）支持法西斯侵略战争，恶毒攻击爱因斯坦。他们通过举行会议（如柏林音乐厅会议和瑙海姆会议等）恶毒诬蔑爱因斯坦创立的相对论，在德国掀起了一场反相对论的运动。另外，德国纳粹统治者大肆迫害甚至残杀犹太人，他们几次企图谋杀爱因斯坦，以致爱因斯坦被迫离开自己的祖国，前往美国。

爱因斯坦以对科学的伟大贡献和他的崇高品德，深受科学界和广大人民的爱戴。

可想而知，在当时的情况下，瑞典科学院很难因爱因斯坦创立相对论而授予他诺贝尔奖。然而，爱因斯坦以对科学的伟大贡献和他的崇高品德，深受科学界和广大人民的爱戴。为了在上述特殊的情况下能够公正地表彰爱因斯坦所取得的伟大成就，瑞典科学院便以他的"光电效应理论和在理论物理方面的工作"的名义，授予爱因斯坦诺贝尔物理学奖。

由此可见，科学研究与科学家所处的时代有着密切关系。爱因斯坦能在那个充满黑暗、恐怖的时代里创造出如此巨大的研究成果，身在光明、进步时代里的少年朋友们，怎能不认真学习，刻苦钻研，为祖国的繁荣昌盛作出自己的应有贡献呢?!

（二）引发争论的导火线

话说回来，究竟是什么原因促使玻尔与爱因斯坦展开激烈争论呢？引发这场争论的导火线是什么呢？这就是德国著名物理学家海森堡提出的著名科学理论——微观物质运动的"测不准关系"理论。

1. 海森堡的生平

海森堡于 1901 年出生在德国一个名叫维尔茨堡的城市里。1920 年～1923 年，他在慕尼黑大学学习物理学，1923 年获得了博士学位。1924 年到 1925 年和 1926 年到 1927 年，海森堡两次来到哥本哈根大学，与玻尔一起研究物理学。1925 年和 1927 年，海森堡分别创立了矩阵力学和"测不准关系"原理。其中，他所创立的矩阵力学与奥地利物理学家薛定谔（1887—1961）所创立的波动力学共同被称为量子力学。1932 年，海森堡以他在物理学领域中作出的巨大贡献而荣获诺贝尔物理学奖。

2. "测不准关系"原理

海森堡所创立的"测不准关系"原理究竟是怎么一回事呢？

少年朋友学习了物理学就会知道，如果测量出宏观运动的物体（如在马路上奔驰的汽车等）的质量（用 m 表示）、速度（用 v 表示）或加速度（用 a 表示）及运行的时间（用 t 表示），那么，我们就可以运用牛顿定律和其他物理学定律同时测定和计算出这个物体在任何时间所处的位置（或所运行的距离）以及它所具有的动量。其中，用"$v×t$"就可计算出作匀速运动物体在某一时间内所走过的路程，用"$m×v$"就能计算出这个物体所具有的动量；如果物体是作变速运动，则需要运用数学中的微积分来计算它的运动状态。这些，少年朋友们在以后的学习过程中将会遇到。

然而，如果运动的物体是我们肉眼看不到的微观物体（如电子、原子等），那么，我们还能像对待上述宏观物体那样，运用以往的牛顿物理学定律同时通过测定，计算出它们在任一时间内所处的位置和所具有的动量吗？

海森堡通过研究发现：像原子、电子这类的微观粒子在运动过程中，我们不能同时测定出它的位置和动量。如果想准确测定它的位置，就不能同时准确测定出它的动量，反过来也是一样。因为当我们测定它们的位置时，就会影响它的动量值；当我们测定它们的动量时，就会影响它的位置。于是，海森堡就把上述微观物体在运动时，它的位置与动量不能同时准确测定的现象叫做"测不准现象"，把微观物体运动的位置和动量之间所表现出的这样一种关系称为"测不准关系"。

从上述海森堡创立的"测不准关系"理论可以看出，牛顿经典物理学理论不能用于描述和计算微观物体的运动规律，从而指出了经典物理学理论的适用范围，划分了经典力学和量子力学之间的界限；同时，向经典物理学理论提出了挑战。这就开拓了人们的知识视野，为进一步研究量子力学创造了良好条件，其意义是重大的。

玻尔在海森堡创立的"测不准关系"原理的基础上，进一步提出了"互补原理"。他指出，微观物体运动只遵循互补原理和统计规律，而不再像宏观物体运动那样遵循因果论和决定论规律。玻尔的这个理论遭到爱因斯坦的强烈反对，于是，在这两位科学巨匠之间展开了争论。

（三）争论的理论焦点

玻尔与爱因斯坦之间的争论主要是围绕下面的问题展开的，这就是：像原子、电子这样的微观粒子，它们的运动是否只遵循概率、统计规律，而不再遵循严格的因果决定规律？从这一点是否就可以断言，在微观物体运动与宏观物体运动之间有一个不可逾越的鸿沟？二者之间有无严格的界限？二者之间是否只有对立而没有统一？对此，玻尔提出了"互补原理"，作出了肯定的回答——是！而爱因斯坦却作出了否定的回答——不是！

1. 因果决定论

那么，什么是因果决定规律呢？它是指任何事物产生、形成和发展都是有一定原因（一个原因或多个原因）的，都是由于一定因素作用和影响的结果，如果对任何一个事物施加一定的作用和影响，那么，它一定会产生或形成与它的作用和影响相对应的结果。也就是说，在事物产生、形成和发展过程中，有一定的原因必定产生相应的结果；反过来说，如果出现一定的结果，那么，在这个结果的背后必定有相应的原因。简单地说就是，原因（一个或多个）必定产生结果（一个或多个），结果（一个或多个）的背后必定有原因（一个或多个）存在，这就是所谓的因果决定规律或因果决定论。

上面说的比较抽象难懂（属于哲学理论），下面举个例子再向少年朋友们解释一下。

当天气忽冷忽热的时候，有的少年朋友不注意穿衣服，会感到头痛、发烧、不想吃饭。于是，便到医院去检查，医生经过诊断，确定他（她）患的是感冒。于是，就给他（她）打针或吃药，过几天病就好了。

如果分析上面的现象，少年朋友就会知道，这种现象是完全符合因果决定论的。这就是：

原因（1）————作用————→结果（1）
　　　　　　　　　产生

（天气不好、不注意穿衣服，　　　（头痛、发烧、不想吃饭，
细菌或病毒侵入体内）　　　　　　患感冒）

原因（2）————作用————→结果（2）
　　　　　　　　　产生

（诊断、开药、打针、吃药，　　　（退烧、消痛，感冒好了）
杀死细菌或病毒）

就是说，有了原因（1），（2）就会产生结果（1），（2）；反过来说，产生结果（1），（2）的背后，必然存在着原因（1），（2）。这就是少年朋友在从患感冒到治疗感冒过程所遵循的因果决定规律。

类似这样的例子还有许多。少年朋友们以后在书本中学习到的各种规律、定律、公式、理论，大都是反映因果决定论的，宏观物体运动大都遵循着这个规律。

2. 概率统计论

什么叫做概率统计论呢？"概率"和"统计"这两个名词都属于数学名词。少年朋友们以后如果上高中或大学，就会学到概率论。概率论是研究大量随机现象的统计规律的一种数学理论。所谓"随机现象"，是指经常发生变化，不遵守一定规律的现象。

概率论最初是由法国数学家费马（1601—1665）、帕斯卡（1623—1662）和惠更斯（1629—1695）等人创立的。早在1880年以前，概率论就传入我国，首先是由我国近代数学家、翻译家华蘅芳（1833—1902）与英国传教士傅兰雅共同引入的。当时，他们翻译出版的著作题目是《决疑数学》，在该书中还没有用"概率"这个词。这个词是以后才被确定使用的。

少年朋友们也许知道，世界上的事物种类繁多、千变万化，有些物体运动遵循一定规律，符合因果决定理论，因此，可以运用一些科学理论和数学公式把它们计算、推测出来。但是，有些物体运动就不遵循一

定规律，它在运动过程中经常发生变化。

例如，在公路上奔驰的汽车，如果司机一直按照每小时 50 千米的速度驾驶汽车跑下去，那么，这样的运动就叫做匀速运动，可以用公式 $s=vt$（其中，s 表示路程，v 表示速度，t 表示时间）来计算汽车在某一时间内所行走的路程或到达的位置。但是，如果汽车司机驾驶汽车在行驶过程中速度随时发生变化，忽快忽慢，在这种情况下，就不能再用上述数学公式来计算汽车行驶的路程了。因为这时的汽车运动不再遵循匀速运动规律。

再比如，自从英国物理学家汤姆逊（1856—1940）于 1897 年发现了电子以来，人们不断研究电子的运动状况。他们发现，电子质量很小，只有氢原子质量的 1/1840，而它运动的速度很大，而且没有什么规律，人们无法准确测定它的位置。电子运动也没有固定的轨迹，人们通过精密仪器观察时，只能看到电子运动轨迹呈现出一种云雾状，于是，科学家们只能用"电子云"来描述电子的运动状况。

在上述情况下，就不能再利用以往传统的科学理论和数学公式来推测、计算出它的运动状况了，而要运用概率统计这种数学方法来进行研究。概率统计是研究微观物体运动规律的重要方法，因为它们的运动大都遵循着概率统计规律，而不只遵循因果规律。关于概率统计的具体内容和运算方法，少年朋友在以后的学习过程中将会逐渐掌握，这里不再详细叙述了。

3. 互补原理

"互补原理"是玻尔于 1927 年 9 月在意大利召开的国际物理学会议上提出来的。这个理论主要包括以下内容。

微观粒子的运动状况与测量仪器之间互相作用、密切相关。玻尔指出，当用测量仪器观察测定微观粒子的运动状态时，就会对粒子的运动产生影响，使得粒子运动的速度、位置在观察前后发生了很大变化。因为粒子很小、很轻，所以很容易受到外界因素的影响，即使观察它，也会影响它的运动。

也许有的少年朋友对此不理解：难道不接触或不碰撞粒子，只是用仪器观察、测量它，也会改变粒子运动的速度和状态吗？

是的！这主要是因为粒子太小、太轻了。例如电子是一种非常轻、非常小的粒子，而光是由光子组成的，光子虽然也很小、很轻，但却拥有很大的能量。爱因斯坦通过研究发现，当用光连续照射金属板时，增大光的频率（频率越大，光子的能量越大），就会把金属板中的电子激发出来（就像打台球时，用一个球把另一个球打出去一样）。这就是他提出的"光电效应"理论。

这样，当我们用光学显微镜（需要用光照射）观测电子时，电子就会感到有无数个具有强大能量的光子像炮弹一样轰击自己。在这种情况下，小小的电子自然抵抗不了无数个光子的撞击，它们会因受撞击而发生震动，同时，它们运动的速度、方向也会因此发生改变。这时我们观测电子运动的速度就不可能是电子本来的运动速度。也就是说，电子的运动状态在观察的前后发生了变化。我们在观测时对电子的影响越小，那么，测量出的电子运动速度越接近它的原来速度。可见，电子的运动状态与观测仪器密切相关。然而，只要观测电子，就会或多或少、不可

当我们用光学显微镜观测电子时，电子就会感到有无数个具有强大能量的光子像炮弹一样轰击自己。

避免地改变电子的运动状态。因此，海森堡说，微观粒子的运动是测不准的。

前面讲过，科学家在观测像电子这样的微观物体运动时，由于受到观测仪器的影响，不能准确测定和描述它们的运动状态和规律。因此，玻尔指出，应当放弃使用因果决定论，而应当使用概率统计理论进行观测和描述；这两大理论是相互对立和排斥的。但同时他又指出，在使用概率统计规律时，不能完全放弃因果决定论，二者虽然互相排斥，但同时又相互补充。他认为，微观物体运动遵循的是"互补原理"，而不再是传统的因果决定论。

微观物体不仅在运动中遵循"互补原理"，而且，它本身也具有互补的特性，互补性是微观物体的基本特征。

玻尔指出，不仅光具有粒子性和波动性这两种属性，即光既是波又是粒子（这是爱因斯坦发现的光的"波粒二象性"原理的主要内容），而且，其他粒子如电子等也是这样，它们既是粒子，又是波，具有波、粒二象性；它们互相排斥又相互补充，具有互补性。因此，要观测和描述它们运动的规律和状态，就要运用互补原理而不能只运用因果决定论。

然而，玻尔的理论却引起爱因斯坦的强烈反对。爱因斯坦坚持认为，因果决定论是整个物质世界的基本理论，这个理论不仅适用于宏观物体运动，而且也适用于微观物体运动。微观物体运动所遵循的概率统计规律只是一种表面现象，在它的背后，仍然会存在一种更深层的因果规律，只不过在目前，人们还没有揭示出这个规律而已。他反对放弃因果决定论，反对玻尔用他自己提出的"互补原理"完全代替因果决定论。于是，双方围绕着要"互补原理"还是要因果决定论这个问题展开了激烈的争论。

量子力学是物理学的一个重要学科，它所阐述的理论都很复杂、抽象，也很难懂。少年朋友们在以后的学习过程中将会有所体会。限于篇幅，这里仅把量子力学中与争论有关的主要内容简单地介绍一下。希望你们不仅仅要了解这场争论，更重要的是从中学习这两位科学巨匠对待科学争论的严肃态度和他们的崇高品德。

（四）争论的历史过程

这场争论开始于 1920 年 4 月。当时，玻尔在访问德国时，会见了爱因斯坦。在交谈中，玻尔认为，因果决定论解释不了光的波动性和粒子性这一特殊现象，而爱因斯坦则认为，光的波动性与粒子性是统一的，完全可以用因果决定论来解释。

1927 年秋，玻尔在纪念伏特逝世 100 周年的国际物理学会议上，首次发表了"互补原理"，当时爱因斯坦并未出席会议。1927 年 10 月，当玻尔在第五届国际物理学会议上再次发表"互补原理"时，遭到了爱因斯坦的反对。

两位科学巨匠之间的争论，既没有相互贬低对方的言词，更没有互相攻击，也没有进行空洞的口头争辩，而是通过实验反驳对方的理论，证实自己的理论。

应当向少年朋友们强调说明的是，他们所进行的实验不是平常意义上的科学实验，而是一种特殊的实验——"理想实验"。

那么，什么是"理想实验"呢？

"理想实验"也叫做"假想实验""抽象实验"或者"思想上的实验"。它是人们在抽象思维中设想出来而实际上无法做到的"实验"。它不用平常的实验设备，也不在一般的实验室中进行，而只在头脑中进行，依靠大脑的抽象思维来进行。因此可以说，"理想实验"在实质上只是人脑的一种高度抽象的思维活动。

例如，著名意大利物理学家伽利略（1564—1642）在研究"惯性定律"时，曾经做过以下实验（如下图）。

当把一个小球放在斜面 B 上的 f 点时，小球将在重力的作用下开始向下滚动。接着，它经过 c，b 两点后，便滚向另一个斜面 A。伽利略认

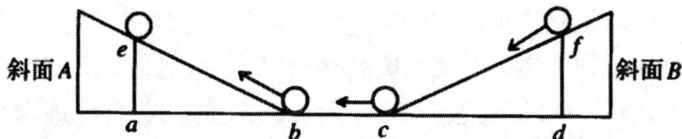

为，如果小球与斜面和地面之间存在着摩擦，那么，小球在斜面 B 时的高度 fd 会大于它滚向斜面 A 时的最高处 ea，即 $fd>ea$。其中的一个主要原因就是，小球与斜面和地面的摩擦对小球滚动产生阻碍作用。

接着，伽利略又认为，如果小球与斜面、地面之间不存在摩擦，那么，当小球从斜面 B 上的 f 点滚下以后，便经过 c，b 两处，到达斜面 A 上的 e 点。这时，小球在 f、e 两点的高度应是相等的，即 $fd=ea$。这就是说，如果小球与斜面、地面之间不存在着滚动摩擦，那么，小球从斜面 B 滚落时的高度将会与它到达斜面 A 时的高度相等。

伽利略还认为，如果没有斜面 A，小球与斜面、地面之间也没有摩擦，那么，当小球从斜面 B 滚落后，它将经过 c，b 两处一直滚动下去，直到遇到障碍物后，才会停止下来。

于是，伽利略便得出这样的结论：作直线运动的物体在没有受到外力作用的情况下，会保持它原来的运动状态和性质。这个结论被牛顿总结为力学第一定律，即"惯性定律"。

也许有的少年朋友会问：小球在斜面上滚落的实验不是一般人都可以做的物理实验吗？为什么说它是"理想实验"呢？

是的，在上面论述中，如果小球与斜面、地面之间存在着摩擦，那么，这个实验就可以说是一般的物理实验，而不是"理想实验"。但是，如果小球与斜面、地面之间不存在摩擦，那么，这样的实验就不再是一般的物理实验，而是"理想实验"了。这是因为，地球上的任何物体在运动过程中，都会受到摩擦力的作用，当然，它们所受摩擦力的大小是不同的，没有摩擦力作用的物体运动是不存在的。因此，在上面的实验中，如果想不考虑小球与斜面、地面之间的摩擦力作用，那么，这样的实验就无法做了，这样的实验只能依靠人脑的抽象思维来进行，所以，这样的实验可以说是"理想实验"。伽利略就是通过从一般物理实验上升到高度抽象的"理想实验"来研究物体运动状况，最后得出科学规律的。

类似上述的"理想实验"还有许多。例如，英国物理学家法拉第（1791—1867）在他的"理想实验"中，把围绕磁场变化的周围电场的闭合力线缩成一点，从而得出了把空间中任何一点以及任何时刻的磁场和电场的变化连结起来的定律；英国物理学家麦克斯韦（1831—1879）在他的"理想实验"中，把围绕电流及变化的电场周围的磁场的闭合力线缩成一个点，从而得出了著名的"麦克斯韦方程"；爱因斯坦通过"光速列车运动""升降机自由下落"等"理想实验"，创立了他的相对论。这些知识在少年朋友们今后的学习过程中将会遇到，在这里就不详细说明了。

总之，"理想实验"作为一种特殊的实验方法，在科学研究中曾经发挥了重要作用，在未来的科学研究中将继续发挥作用。

爱因斯坦在与玻尔争论的过程中，也采用了"理想实验"。这并不是因为他特意采用这种实验方法，更不是在故弄玄虚，而是科学研究的实际需要。因为很难通过普通的实验设备和方法去测定微观物体运动状态，所以，只有通过"理想实验"，通过人脑的高度抽象思维活动，才能认识微观物体的运动规律。

爱因斯坦在当时做了一系列"理想实验"（其具体过程在这里不予详述，少年朋友在以后的学习中，会了解到它的科学原理），证明了他可以同时测得微观粒子在任意时刻运动的位置和动量，以此否定了海森堡提出的"测不准关系"原理。

玻尔本人没有做其他实验，只对爱因斯坦设想的实验和他的论证进行了认真分析研究，从中找出了爱因斯坦在实验及其论证中所存在的自相矛盾之处，利用爱因斯坦的实验证实了"测不准关系"原理，在首次争论中，他维护了自己的"互补原理"，一度驳倒了爱因斯坦，取得了胜利。

然而，爱因斯坦并没有因此而承认自己失败。为了坚持真理，维护自己的观点，他又与玻尔展开了第二次争论。

1930 年 10 月，在第六届国际物理学会议上，爱因斯坦设计了"光子箱"的理想实验，再次向玻尔发起挑战，试图以此推翻玻尔的"互补原理"。爱因斯坦利用这个实验据理力争，颇有说服力，引起了参加会议学者的关注。

面对爱因斯坦的挑战，玻尔在当天晚上就认真研究，准备迎接这次挑战。他彻夜难眠，苦苦思索，寻找答案。经过一夜紧张的分析和研究，玻尔终于找到了"以其人之道还治其人之身"的办法和答案。这就是说，玻尔又在爱因斯坦设计的"光子箱"实验中找出了答案。他利用爱因斯坦提出的"红移"理论来阐述自己的"互补原理"。玻尔指出，爱因斯坦在"光子箱"实验中忽略了他自己的"红移"理论，如果考虑到这一理论，就可以论证"测不准关系"原理和"互补原理"了。这样，爱因斯坦提出的挑战又被玻尔驳倒了。

基于对传统因果决定论和物体运动规律具有统一性所抱有的坚定信仰，爱因斯坦在又一次遭到挫折后并没有退缩和让步，他把目标转向量子力学理论不完备之处，向对方发起新的挑战，把争论又一次推向高潮。

1931 年，爱因斯坦与其他科学家合作发表了一篇题为《量子力学过去和未来的知识》的论文。作者认为，海森堡提出的"测不准关系"原理不能为量子力学提供确定的知识，试图以此从侧面否定"测不准关系"原理和量子力学。

1935 年 5 月，爱因斯坦与另外两位物理学家波多尔斯基（B. Podoisky）和罗森（N. Roson）合作研究，共同在美国《物理评论》第 47 期上发表了一篇题为《能认为量子力学对物理实在的描述是完备的吗》的论文，认为量子力学对物理实在问题的解释是不完备的，在量子力学完备性与物理实在客观性之间存在着矛盾。后来，人们便用爱因斯坦（A. Einstein）与另外两位物理学家名字中的第一个字母组合起来，把他们提出的理论叫做"EPR 悖论"或"EPR 佯谬"。

爱因斯坦等人的论证十分严密，要回答他们提出的问题是很困难的，这又给玻尔提出了一个大难题。

玻尔又一次迎接了挑战。就在爱因斯坦等人发表上述论文后的第35天，玻尔便在《物理评论》杂志发表论文进行了反驳。他通过实验，利用爱因斯坦在论文中提出的理论，巧妙地找出解决问题的突破点，回答了他们提出的难题。

1949年，物理学家们召开会议，纪念爱因斯坦70岁大寿，会后还出版了一本颂扬爱因斯坦科学伟绩的论文集，它的题目是《爱因斯坦，哲学家和科学家》。

玻尔对爱因斯坦的科学成就和高尚品格非常敬佩，他在文章中抒发了自己对爱因斯坦的敬重之情。然而，玻尔并未因此而对爱因斯坦提出的挑战让步，他在这部论文集中发表了一篇《就原子物理学的认识论问题和爱因斯坦进行的商榷》的文章，回答了爱因斯坦提出的问题，全面阐述了自己的观点。对真理与科学的不懈追求与探索，和对爱因斯坦伟大人格和业绩的赞赏与敬佩截然分开，互不影响，这就是从玻尔身上体现出的高尚品格。

爱因斯坦也没有因物理学界为他祝寿，赞颂他的业绩而放弃与玻尔的论战。当玻尔的论文发表以后，爱因斯坦立刻写了一篇题为《对批评的回答》的文章，对玻尔进行了反驳。以后，爱因斯坦为了驳倒玻尔的理论，进行了许多次探索，但始终未见好的效果。他并不气馁，仍然坚持不懈地努力着、探索着。

有的少年朋友可能要问，爱因斯坦接二连三地向玻尔发起挑战，难道只是为了能够最后战胜玻尔吗？

不是！爱因斯坦与玻尔丝毫没有个人恩怨。他之所以连续向波尔发出挑战，不是针对玻尔本人，而是针对玻尔提出的科学问题。在科学面前，来不得半点虚假，不能只考虑私人情面而放弃对科学真理的追求。

当然，爱因斯坦反驳玻尔的理论，主要是为了维护自己的理论，维护因果决定论。但是，他参加这场争论的目的不仅仅是为了战胜玻尔，而是想通过争论，促进理论物理学的进一步发展。这正如爱因斯坦所说的那样，"对真理的追求比对真理的占有更可贵"。

玻尔进行争论的目的也与爱因斯坦相同——追求科学真理。他从与爱因斯坦的多次争论中，深切地感到，量子力学理论需要进一步修补和完善，从而推动了他进一步去研究、去探索。

1955年4月18日，爱因斯坦在美国病逝。然而，争论并未因此而结束。玻尔仍然在他的思维世界中与爱因斯坦进行争论。直到1962年，在逝世的前一天，玻尔仍然在家里研究室的黑板上画着爱因斯坦的"光子箱"的草图，仍然在思考着如何更好地回答爱因斯坦提出的问题。真是生命不息，争论不止啊！

玻尔与爱因斯坦逝世以后，这场争论仍未结束，仍然在其他科学家中间持续进行。

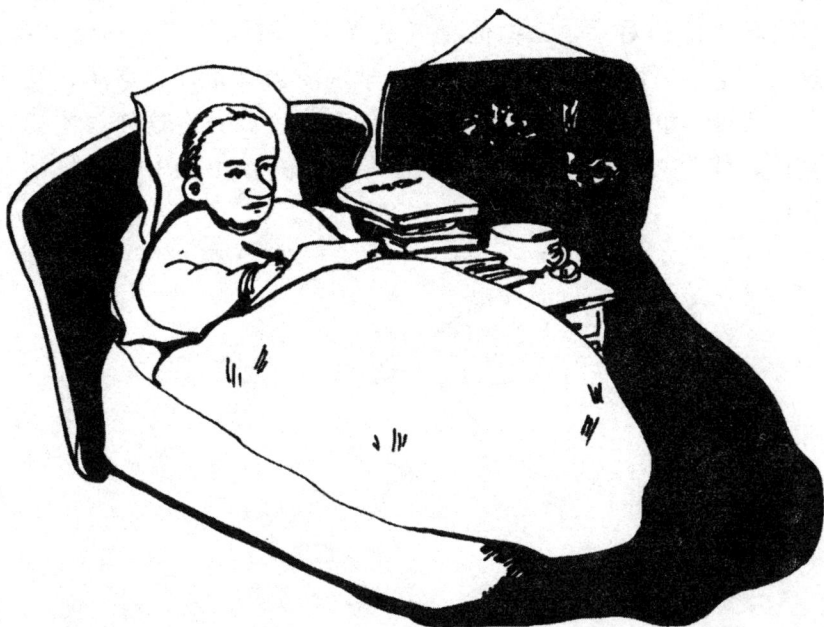

直到1962年，在逝世的前一天，玻尔仍在思考着如何更好地回答爱因斯坦提出的问题。

我国学者也多次围绕"量子力学与实在"这个问题展开争论。1992年6月，在北京召开了国际科学哲学会议。会上，我国学者何祚麻、洪定国、胡新和等人围绕"量子力学与实在"这个问题各自提出了互不相同的观点，展开了争论。

总之，玻尔与爱因斯坦之间的争论至今仍在进行。这场争论在现代物理学界影响深远，推动了量子力学的研究与发展。

这场争论之所以能够产生如此大的影响，主要是因为争论的内容是理论物理学现在乃至未来发展的重要问题。它甚至超出了物理学的范畴而成为一个哲学问题。它充分表明，自然科学的研究及发展与哲学密切相关。

少年朋友们应当从这场争论中感受到玻尔与爱因斯坦这两位科学巨匠所具有的严谨、求实、为坚持真理而不懈追求的精神，以及既把对方看成是科学争论的对手，又把他看成是尊重、敬佩的朋友的崇高品格。通过这场争论应当懂得，要成为一位科学家应当具备什么素质、精神和品德，对待科学争论应当抱着怎样的目的和态度。只有这样，才能成为一名真正的科学家，才能正确对待科学争论，并在争论中推动科学事业向前发展。

三、物质是无限可分的吗

——关于微观粒子及其结构的争论

在日常生活中，我们大都直接（手摸、眼看、口尝等）或者间接（从电视、广播等看到或者听到）地触及各种物质，其中既有无生命的物质，也有有生命的物质；既有遥远的像太阳、月亮等那样的宇宙天体物质，也有像汽车、牛、马等那样的地球宏观物质，还有一些较小的微观物质（如微生物等）。这些物质把我们生活的世界装扮得千姿百态、景象万千。

然而，少年朋友们可曾想过，这些物质最终是由什么构成的呢？是由什么产生的呢？它们的组成结构是什么？它们是否无限可分？

这些问题从古到今一直是哲学家和自然科学家们关注的问题，他们从不同角度进行对比研究，形成了各种不同的理论和假说。由于这些问题主要集中在微观领域（宏观领域物质的结构组成基本上弄清了，不存在什么大的争议），这样，围绕上述问题所展开的争论，主要集中在微观粒子及其结构方面。

从表面上看，争论着重围绕物质是有限可分，还是无限可分这个问题展开，然而，由于在发现每一个微观粒子的过程中，又围绕这个微观粒子是否是合理的，它的内部是否还可以再分，是否还有更小的粒子等一系列问题展开争论，因此，在大争论之中又包括一些小的且较激烈的争论。

（一）古代物质有限、无限可分的思想

在古代，中国和西方的哲学家们就产生关于物质有限可分和无限可分的思想了。

春秋战国时代的哲学家们提出了"五行说"理论。他们认为，宇宙中的所有物质都是由"金、木、水、火、土"这五种元素组成的，它们是最基本的物质，是物质的起源，所有物质都是由它们产生出来的，它们是不能再分割的物质了。就是说，他们主张物质是有限可分的，从这五种元素中再也分离不出其他东西了。

哲学家墨子（公元前484—公元前400）认为，世界万物是由"端"产生出来的，"端"是物质的最小组成单位，不能再把"端"分成两半了。可见，墨子也认为，物质是有限可分的。

还有一些哲学家把物质的起源说成是"道""气""太极""一"等，认为万物是由它们产生出来的，它们是万物的最初起源。

哲学家庄子（公元前369—公元前286）则提出了物质无限可分的思想。他说："一尺之棰，日取其半，万世不竭。"意思是说，如果把一尺长的短木棍，第一天折断一半，第二天把它们各自再折为一半，这样连续折断下去，那么，永远也折不完。这就是说，这条木棍是无限可分的。其他物质也是无限可分的。

在欧洲，哲学家们大都主张物质是有限可分的。

例如，希腊哲学家泰勒斯（公元前627—公元前547）把"水"看成是万物的最基本物质，是万物的本原；阿那克西米尼（公元前588—公元前525）认为，"气"是万物的本原；赫拉克利特（公元前544—公元前475）认为，"火"是万物的本原；留基伯、德谟克利特（公元前459—公元前371）和伊壁鸠鲁（公元前342—公元前270）都把"原子"看成是世界万物的最基本的物质组成单位；亚里士多德（公元前384—公元前

322）则认为，世界万物是由"火、气、水、土"这4种元素组成的。

总之，在古代，虽然有人主张物质是无限可分的，也有人主张物质是有限可分的，然而从总体上看，物质有限可分的思想大都被人们所承认，在当时占有统治地位。

（二）原子及其结构之争

1. 谁是原子论的真正创立者

前面已经说过，原子论最早是由古希腊唯物主义哲学家德谟克利特和伊壁鸠鲁创立的。但是，他们只是从哲学上对原子进行猜测，没有对原子进行科学研究。

真正研究原子并创立科学的原子论者，则是近代英国著名化学家道尔顿（1766—1844）。

1808年，道尔顿在他的《化学新体系》这部著作中，科学地阐述了他的原子论思想。

他指出：①所有物质都是由原子组成的，原子是一种不可再分割的微观粒子；②原子由单一原子和复合原子组成，单一原子是指单质

J. 道尔顿

体的终极粒子，复合原子是指化合物的终极粒子，是由几个单一原子聚集起来的（现代化学把单一原子称为原子，而把复合原子称为分子）；③相同的原子都具有相同的体积、形状和重量（即原子量）；④化学变化是由原子之间的相互作用引起的。

道尔顿创立的原子论，在当时产生了重大影响。

但是，围绕谁是原子论的真正创立者这个问题，也展开过争论。

有些苏联学者不承认道尔顿是原子论的创立者，他们提出，原子论的创立者是俄国著名化学家罗蒙诺索夫（1711—1765）；也有人认为，英国化学家希金斯也创立了与道尔顿相同的原子论。但是，争论的结果，大家普遍承认，道尔顿是原子论的真正创立者。人们依据道尔顿对化学发展所作出的巨大贡献，把他称为"近代化学之父"。

2. 道尔顿的原子量假设正确吗

道尔顿在他的原子论中，提出了 4 种假设，并且，他还根据这 4 种假设，计算出了有关元素的原子量。

那么，道尔顿根据他的假设计算出的原子量正确吗？围绕着这个问题的争论在化学家中间展开了。一些化学家虽然承认道尔顿原子论是正确的，是科学的，但他们又不赞同道尔顿根据假设而计算出的原子量。"一方面，所有化学家都运用着原子理论，而另一方面，人数颇为可观的化学家却又不信任它，其中一些人甚至厌烦它。"——这是英国化学家威廉逊（1824—1904）对道尔顿原子论的评价。

例如，英国化学家戴维（1778—1819）赞同道尔顿在原子论中阐述的基本理论，却不赞同道尔顿关于原子性质、质量的各种推测。他指出，"依我看来，道尔顿先生的确更像是一位原子哲学家，为了使原子自身按照他提出的假设进行排列，他常常使自己沉迷于徒然的推测之中……"可见，戴维提倡实验研究，反对推测假设。于是，他不采用道尔顿的原子量，而是自己根据实验研究，列出了自己的一套原子量表。

英国化学家汤姆逊（1856—1940）是英国第一个公开承认并赞赏道尔顿原子论的化学家。但他也怀疑道尔顿在他的原子论中所作出的假设和推测，也没有遵照道尔顿的假设去计算原子量，而是依照其他化学家如贝采里乌斯（1779—1848）等人的意见，列出了自己的一套原子量表。后来，他把自己的原子量表与道尔顿的原子量表相比较，看到二者基本相同，这才承认道尔顿的原子论。

总之，当时的化学家针对道尔顿关于原子量的假设与推测，提出了各种不同意见，并展开了争论。他们没有认识到，道尔顿的假说是依据科学的理论推测出来的，是一种科学假设。以后，他们通过比较验证，道尔顿关于原子量的假设是正确的。这时，他们便开始真正理解到了道尔顿原子论的科学意义。

3. 原子真的存在吗

道尔顿虽然创立了原子论，但围绕原子是否存在这个问题，在化学家们中间展开了争论。

荷兰化学家范霍夫（1852—1911）对原子的存在产生了怀疑。他说："原子是否存在的问题，从化学观点来说是没有什么意义的……我不相信原子的实际存在。"

法国化学家贝特罗（1827—1907）不承认有原子。他问道："谁曾见到一个气体分子或一个原子呢？"他与原子论的支持者、化学家维尔茨（1817—1884）围绕原子是否存在展开了激烈的论战。

另外，还有许多科学家反对原子论，不承认原子存在。例如，德国化学家奥斯特瓦耳德（1858—1948），奥地利物理学家马赫（1838—1916），德国物理学家赫尔姆霍茨（1821—1894）、普朗克以及法国物理学家迪昂（1861—1916）等。其中，奥斯特瓦耳德不仅反对原子论，还提出了"唯能论"。他认为，原子论是"有害的假说"，原子不是物质的实在，能量才是世界最终的实在。

面对上述许多科学家对原子论提出的挑战，奥地利物理学家玻耳兹曼（1844—1906）进行了针锋相对的辩论。然而，由于反对原子论者的人数大大多于支持原子论者的人数，玻耳兹曼虽然勇于同反对原

路·玻耳兹曼

子论者进行论战,但他却处于孤军作战的不利状态。正如他在《气体理论讲义》一书中所写的那样,"我意识到,单凭个人孤军奋战,不足以抗击时代的潮流"。他终因情绪低落,无法抵抗世俗偏见而感到绝望,遂于1906年9月自杀身亡了。一场学术争论竟然导致一位科学家丧失性命,不能不说是科学争论史上的一大遗憾!

玻尔兹曼的自杀并没能遏制这场争论。直到1908年,随着"布朗运动"理论与实验研究的发展,科学家们才承认原子的存在,争论才有了圆满的结局。

"布朗运动"现象是英国植物学家布朗于1827年发现的。当时,布朗把一些花粉颗粒放在液体中,并把它放在显微镜下面观察。他发现,花粉颗粒在液体中会进行着无规则的运动。他认为这种运动可能与液体分子的运动有关,正是由于液体分子运动才导致花粉颗粒产生运动。人

玻耳兹曼终因情绪低落,无法抵抗世俗偏见而感到绝望厌生。

们把这种运动称为"布朗运动"。当时，科学家们并不认为布朗运动现象与液体分子有关。

到了1905年，爱因斯坦对"布朗运动"进行了深入研究。他推算出在单位时间内，像花粉颗粒那样的悬浮粒子运动的平均值，以及液体中溶质分子的大小和克分子数（就是指1克溶液中的溶质分子数）。

1908年，法国物理学家佩兰（1870—1942）利用超显微镜对爱因斯坦的上述理论进行了精确的实验研究和科学验证，并对分子大小进行了精密测定，从而也对原子的存在进行了充分验证，确认原子和分子是客观存在的。

德国化学家奥斯特瓦尔德本来对原子的存在有所怀疑，反对原子论，但是，当他了解到爱因斯坦和佩兰等人关于"布朗运动"的研究成果以后，便由反对原子论转而支持原子论，认为原子是客观存在的。至此，关于原子是否存在问题的争论比较圆满地结束了，人们普遍承认原子是客观存在的。

争论虽然结束了，但并不是说所有的人都赞成原子论，承认原子是存在的。还有一些科学家仍然反对原子论。

例如，奥地利著名物理学家马赫一直反对原子论。直到他逝世前两年半，他还在《物理光学原理》这部著作中写道："我不得不断然否认我是相对论者的先驱，正像我拒绝今天对原子论的信仰一样。"

然而，作为一种科学理论，原子论在化学领域中仍然占据着很重要的地位。

4. 原子可分吗

W. 奥斯特瓦尔德

道尔顿创立的原子论显然比古代先驱的原子论更具有科学性，但它们都认为原子是不可再分割的基本粒子，也就是说，它们都主张物质是有限可分的。

那么，原子真的不可分吗？原子内部真的就没有更小的粒子吗？原子真的就没有结构，是一个实心的"硬核"粒子吗？

到了19世纪，随着人们对粒子物理学的深入研究，原子不可分割的观点终于被否认了。

1895年，德国物理学家伦琴（1845—1923）做了一项"阴极放电"实验。他给放电管通电，放电管便从阴极处发射出一种射线，它能使放电管周围近处的荧光屏产生荧光。人们把这种射线叫做阴极射线。然后，他用一个黑色纸板把放电管严密地套封起来。这时，他意外地发现，在距离放电管1米多远的荧光屏出现闪光。这种现象立刻引起伦琴的注意，他感到，因为阴极射线只能穿透几厘米的空气，所以，使距离放电管1米远的荧光屏感光的射线不可能是阴极射线。他把这种特殊的射线叫做X射线。

1896年，法国物理学家贝克勒耳（1852—1908）在实验研究中发现，铀这种物质可以自发地放射出一种射线。他把铀具有的这种特性叫做放射性，把铀这样的物质叫做放射性物质。

1898年～1903年，波兰物理学家居里夫人（1867—1934）通过4年研究，先后发现了放射性元素"钋"和"镭"，并以此荣获诺贝尔奖。

1897年，英国物理学家汤姆逊

M. S. 居里夫人

（1856—1940）通过实验发现了电子。

X射线、放射性元素、电子这三项发现，是19世纪末现代物理学的三大发现。它们表明，原子既然能够释放出许多种射线，电子又是比原子更小的微观粒子，它是阴极射线的组成成分，也是从原子中释放出来的，那么，原子内部还会有更小的组成成分，原子内部还有结构，原子不是不可分的，而是可分的。这就推翻了关于原子不可分的错误理论，再次证明了物质可分的理论。

5. 原子结构是怎样的

既然原子是一种可以分割的微观粒子，它的内部仍然有结构组成，那么，原子的结构是怎样的呢？

围绕着这个问题，物理学家们通过各自的研究，形成了各种理论模型。

（1）"葡萄干蛋糕"式原子结构模型

这个模型是由英国物理学家汤姆逊（1856—1940）提出的。他认为，原子由带负电的电子和带正电的物质组成。其中，带正电的物质在原子中均匀地分布着，带负电的电子则在原子里面运动。他把带正电的物质比喻为一块蛋糕，而把带负电的电子比喻为一些葡萄干，电子在原子里运动，就好比一块蛋糕里面夹着一些葡萄干。

（2）"行星—太阳"式原子结构模型

这个模型是由汤姆逊的学生、英国物理学家卢瑟福（1871—1937）提出的。他认为，原子是由带正电的原子核和带负电的电子组成的。原子核就像太阳位于太阳系中央一样位于原子的中央，电子就像行星位于太阳周围一样位于原子核的周围，电子围绕原子核旋转，就像行星围绕太阳旋转一样。

约瑟夫·约翰·汤姆逊

（3）原子量化轨道结构模型

这个模型是由卢瑟福的学生、丹麦著名物理学家玻尔提出的。他认为，电子在围绕原子核进行旋转的过程中，不是胡乱运转的，而是只能在一定的圆形轨道上进行旋转。这时，电子处于稳定状态，既不吸收能量，也不向外释放能量，在较低级的圆形轨道上运转。当电子吸收能量或者释放能量时，它就从原来等级的圆形轨道上升或者下降到另一个等级的圆形轨道。

在上述 3 种模型中，第二种模型是在发现第一种模型与实验事实不相符合的情况下，经过争论、研究提出的，第三种模型又是在第二种模型的基础上提出来的。就是说，每一种模型都经过了提出—验证—否定—创立新模型这个过程，这个过程也是一个科学争论过程。因此，第三种模型比第一、第二种模型更能科学地反映原子内部的结构情况。当然，第三种模型也不是完全正确的，它仍在受到验证和修正。

不管怎样，上述 3 种模型至少已经证明，原子不是实心的不可分割的微观粒子，它的内部仍然有复杂的组成结构，仍然是可以再分的。

N. 卢瑟福

（三）电子及电子结构之争

前面谈到，英国物理学家汤姆逊发现了电子，证明了原子不是最基本的粒子，原子还可再分。然而，在发现电子的过程中，科学家们也展开过激烈的争论。

1. 阴极射线是"波"还是"粒子"

1859年，德国物理学家普吕克（1801—1868）在研究气体放电时发现，在放电时，阴极对面的玻璃壁上出现了绿色荧光。

1869年，德国物理学家希托夫（1824—1914）对普吕克的实验重新进行了研究。他发现，阴极对面的绿色荧光是从阴极发射出来的东西打在玻璃壁上时发出的，而且，从阴极发射出的东西是沿着直线方向运动的。

1876年和1886年，德国物理学家戈尔特斯坦（1850—1930）在实验研究中发现，从阴极发出的东西是一种射线。他把这种射线叫做"阴极射线"。

1879年，英国科学家克鲁克斯（1832—1919）经过研究发现，阴极射线在磁场中发生偏转。他推测，阴极射线是一种带负电的粒子流。1895年，法国物理学家佩兰用实验证实了克鲁克斯的推测。

然而，一些德国物理学家如戈尔特斯坦等人却认为，阴极射线不是粒子流，而是一种波，一种像光一样的波，他们把这种波称为"以太波"。

于是，围绕阴极射线是"波"还是"粒子"这个问题，在英、德两国物理学家中间展开了激烈的争论。

1897年，英国著名物理学家汤姆逊通过实验研究和精确计算，终于发现，阴极射线是一种带负电的粒子流，这种粒子是电子。这场争论因此而圆满结束。

2. 电子是否还可分

电子的发现，打破了过去认为原子不可分的传统观点，建立了原子可分的新理论。

那么，电子是否还可分？电子是否还像原子一样，其内部还有结构？

对于电子，一些物理学家感到惶恐不安。他们认为，电子已经不再是物质了，物质消失了。

伟大的革命导师列宁在他的《唯物主义与经验批判主义》这部著作中，以哲人的智慧批判了一些物理学家的错误观点。他指出，电子仍然是物质，因为电子也是一种客观实在物，电子仍然可分，"电子和原子一样，也是不可穷尽的"，"自然界正如它的极微小的粒子（包括电子在内）一样是无限的"。这里，列宁阐述了电子的可分性、物质具有无限可分性的唯物主义理论。

毛泽东同志也主张电子是可分的。他说："宇宙从大的方面看是无限的。宇宙从小的方面看也是无限的。不但原子可分，原子核也可分，电子也可分。"

列宁与毛泽东的阐述，在理论上对于进一步研究电子起到了指导作用。

一些物理学家，例如爱因斯坦、罗伦兹（1853—1928）、波恩（1882—1970）等人都在努力探讨电子的可分性以及电子结构问题，纷纷建立了各种电子模型，试图揭开电子内部结构之谜。

（四）原子核及其结构之争

1911 年，英国物理学家卢瑟福在实验研究中发现，原子内部除了有电子以外，还存在一个核。他把它叫做原子核。

1913 年，丹麦物理学家玻尔认为，放射性元素是从它内部的原子核中发射出粒子的。

这说明，原子核并不是一个不可分的硬核，它也是可分的，其内部也有结构组成。

另外，原子是中性的，而电子是带负电的粒子，根据同性相斥、异性相吸的基本原理，可以推测，原子核带正电。这样，如果原子核内部还有更小的粒子，那么，这个粒子就带正电。

早在 1815 年，英国化学家普劳特（1785—1853）就提出，所有元素都是由氢原子组成的。1914年，物理学家们便把氢原子核命名为质子。这样，氢原子就被认为是由质子和电子组成的。既然电子带负电，那么，质子就带正电，只有这样，氢原子才能呈中性。因此，当时的人们大都认为原子由质子和电子组成。

然而，物理学家们经过研究又发现，质子的重量远远小于原子核的重量。因此，卢瑟福推测出，原子核内可能还有一种中性粒子。

1932年2月17日，卢瑟福的学生、英国物理学家查德威克（1891—1974）通过实验研究，证实了卢瑟福的预言，发现了一种中性粒子。他把这种粒子叫做"中子"。

1932年，德国物理学家海森堡和苏联物理学家伊凡宁柯各自独立地提出了原子核结构模型。他们认为，原子核是由质子和中子组成的。

这样，原子由原子核和电子组成，原子核又由质子和中子组成，原子的可分性再一次被证实了。至此，物理学家们把电子、质子、中子以及他们在其他领域研究中发现的光子一并叫做基本粒子。对物质是否可分这个问题的研究，已经从分子、原子这样的微观粒子层次深入到基本粒子层次了。

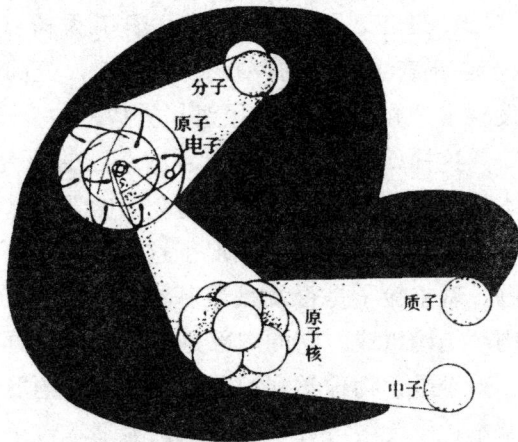

物理学家们把电子、质子、中子以及在其他领域研究中发现的光子，一并叫做基本粒子。

（五）基本粒子还可再分吗

自从发现了电子、质子、中子、光子这4种基本粒子以后，物理学家们又发现了一系列基本粒子。

1932 年 8 月，美国物理学家安德逊（1905—）发现了带正电荷的电子，并把它叫做"正电子"。

1933 年，奥地利物理学家、化学家泡利（1900—1958）提出了"中微子假说"，预言了中微子的存在。

1956 年，美国物理学家戴维斯在研究中探测到了"中微子"。

1934 年，日本物理学家汤川秀树（1907—1981）提出了"介子理论"，预言了介子的存在。1947 年，英国物理学家鲍威尔（1903—1969）发现了"介子"，证实了汤川秀树的"介子理论"，发现了"介子"。

这样，各国物理学家通过自己的研究，接连不断地发现了一系列基本粒子。据不完全统计，迄今物理学家已经发现了 400 多种基本粒子！

既然物理学家们发现了这么多基本粒子，那么，就产生了一个新问题，基本粒子是否就是最基本的不可再分的粒子呢？基本粒子是否还有内部结构组成？它的内部是否还有其他更小的粒子？

于是，物理学家们围绕着这个问题展开了争论。有的物理学家认为，基本粒子无限可分；有的则认为基本粒子不能再分了，已经达到了极限；有的物理学家则主张应当回避这种争议。例如，德国物理学家海森堡就认为，"追问基本粒子的组成问题是没有意义的"。而大多数物理学家则投入到揭开基本粒子内部结构之谜的研究中去了。他们经过深入研究，证明了基本粒子决不是最基本的，它的内部还有结构，还有更微小的粒子。

1949 年，意大利物理学家费米（1901—1954）和美籍华裔科学家杨振宁（1922—　）提出，π 介子是由核子和反核子组成的。人们把这个模型称为"费米—杨振宁模型"。

1956 年，日本物理学家坂田昌一（1911—1970）认为，所有的强子都是由质子 P、中子 n、超子 ∧ 这三种基本粒子以及它们的反粒子（分别用 $\overline{P}$、$\overline{n}$、$\overline{\wedge}$ 表示）组成的。人们把这个模型叫做"坂田模型"。

1964 年，美国物理学家盖尔曼（1929—）提出了"夸克模型"。他认为，大多数基本粒子都是由 3 个夸克组成的。人们由此认为，夸克是组成基本粒子的更微小粒子。

1965 年～1966 年，我国物理学家提出了"强子结构模型"。他们认为，强子是由更基本的层子组成的。他们采用"层子"来命名，是为了说明，层子也只是自然界物质中的无限层次中的一个层次，说明物质是无限可分的。

（六）为何找不到自由夸克

"夸克模型"推出以后，获得了大多数物理学家的承认。他们积极研究夸克，希望能够通过自己的实验，像找到电子、中子那样，亲自找到自由存在的夸克——自由夸克，还希望能够进一步研究夸克内部的组成结构。

1964 年，盖尔曼等科学家研究认为，强子（一种基本粒子）是由 μ（上夸克）、d（下夸克）、S（奇异夸克）及其反夸克构成，从而首先发现了上述 3 种夸克。

1977 年，费米实验室先后发现了 c 夸克（粲夸克）和 b 夸克（底夸克）这两种夸克。

1977 年～1995 年，费米实验室的科学家和世界其他科学家经过不断研究又发现了 t 夸克（顶夸克）。至此，科学家们终于找到了组成基本粒子的 6 种夸克。

然而，尽管物理学家们利用高能加速器等先进设备证实了夸克的存在，但并没有找到真正的自由夸克。为什么找不到自由夸克呢？是因为本来就不存在夸克这种粒子，还是因为夸克虽然存在但被禁闭在基本粒子内部，不能自由存在，形成不了自由夸克呢？

于是，物理学家们围绕着夸克问题，各抒己见，展开了争论。

一种观点认为，夸克在结合组成基本粒子时，它的结合能量太大，这种能量把夸克紧紧地封闭在基本粒子内部，使它失去了自由。我们目前的实验设备条件有限，暂时不能把夸克分离出来；一旦有了能量更大的粒子加速器，就可以破坏基本粒子的封闭结构，最终把夸克分离出来。

另一种观点则认为，夸克将永远被囚禁在基本粒子内部，它本来就不是自由存在的。因此，虽然夸克是存在的，但是，人们永远不能把它分离出来。这就像磁铁的南极、北极虽然存在，却不能独立自由存在，不能把它们从磁铁中分离出来一样。

那么，是什么原因使夸克不能自由、独立地存在呢？对此，又出现了不同的观点。

一种观点认为，在基本粒子内部，夸克总是成对存在着。两个夸克被一种特殊的"绳子"联系在一起，他们把这种"绳子"叫做"弦"。这根"弦"很难被拉断，因为它具有极高的能量。即使把它拉断，也得不到一个自由的夸克，而是在被拉断的地方又会产生出一对夸克，这对夸克又组成另一种新粒子。

另一种观点认为，在基本粒子内部，夸克被封闭在一个特殊的袋子里，这个袋子具有很高的能量。因此，很难打开这个袋子，把夸克从中分离出来。

究竟哪一种观点正确，这有待于科学实验证实。

由于找不到自由夸克，难以搞清夸克内部的结构组成，一些物理学家便认为，夸克是不可再分割的最基本的粒子了，物质的可分性在夸克这个层次上已经走到了尽头。他们由此认为，物质是有限可分的，而不是无限可分的。

于是，围绕着物质是否无限可分这个问题而展开的争论便从自然科学领域扩展到哲学领域了。这种具有哲学性质的争论在我国学术界开展得比较激烈。

我国哲学界以往大都承认"物质是无限可分的"这种理论。他们认为：①物质都有结构，不管它多么小也具有结构，它内部还有更小的物质，就像原子里面还有原子核和电子一样；②物质结构都是由从高到低

是什么原因使夸克不能自由、独立地存在，对此出现了两种观点。

无限的层次结构组成的，例如，原子结构里面还有更低的原子核结构层次。就是说，物质结构的层次是无限的，物质是无限可分的。

1986年，中国社会科学院哲学研究所金吾伦教授在《光明日报》（1986年10月6日版）上发表了题为《对物质无限可分的再认识》的文章。他认为，"物质无限可分论"的理论不能无条件地适用。因而他否定了这个理论，开始向"物质无限可分论"发起挑战。

同年，中国社会科学院查汝强教授也在《光明日报》（1986年12月8日版）上发表文章，题为《唯物主义的运用演绎法和唯心主义的从原则出发》。他主张，"无限粒子是无限可分的"。王干才先生也在《光明日报》（1986年12月8日版）发表文章，题为《轻易否定"物质无限可分"难以服人》。他在文章中坚持认为，"物质无限可分"的理论是对的。他们都不同意金吾伦教授的观点。

1987年，查汝强教授在《自然辩证法研究》杂志1987年第5期发表了题为《物质结构无限论的再证实》的文章，继续与金吾伦教授展开争论。中国科学院院士、物理学家何祚庥先生也在《自然辩证法研究》1987年第6期发表了题为《对"物质无限可分论"的再探讨》的文章，不同意金吾伦教授的观点，指责他歪曲了恩格斯的观点。

1988年，金吾伦教授又在《自然辩证法研究》杂志1988年第3期上发表文章：《"物质无限可分论"是形而上学信念，不是辩证法——答何祚庥同志》。从文章的题目上，就很容易看出，金教授是在反驳何教授的观点，坚持自己的观点。

这样，在金吾伦与查汝强、何祚庥、王干才之间，围绕着物质是否无限可分的问题展开了争论。

与此同时，北京大学哲学系青年研究者吴国盛在《自然辩证法通讯》杂志1987年第4期发表了题为《物质是无限可分的吗》的文章。他在文章中对以往的有关研究成果进行了综述。他认为，"物质无限可分论"是空洞的抽象，从而否定了这个理论。

这场争论迄今虽然也没有得出最终结果，但是，它对人们重新认识和研究物质是否无限可分这个问题起到了积极的推动作用。笔者认为，从哲学上来研究"物质是否无限可分"这个问题固然很有必要，也很重要，然而，真正对这个问题进行实际研究，还是要依靠物理学、化学等自然科学及其技术，还要通过科学实验来对上述几位教授提出的观点作出最终的正确判定。由于研究更微观的基本粒子的结构问题，要依靠更先进的技术手段（仪器设备），研究难度自然是很大的。这就需要少年朋友们在今后的学习工作中，刻苦钻研，真正揭开基本粒子的科学之谜。

四、有机物与无机物的结构组成相同吗

——"一元说"与"二元说"之争

我们在日常生活中，会吃一些食盐，喝一些水。这些东西都是一些化合物。食盐是由氯和钠组成的化合物，化学名称叫氯化钠，用 NaCl 表示，其中，Na 表示钠，Cl 表示氯。水是由氢和氧组成的化合物，用 H_2O 表示，其中，H 表示氢，O 表示氧。在化学上，把食盐和水这些化合物叫做无机化合物，简称无机物。研究这些无机化合物的学科，称为无机化学。

我们在日常生活中，还会遇到一些诸如酒精、尿素之类的物品。它们也是一些化合物。酒精的化学名称叫乙醇，用 C_2H_6O 表示。其中，C 表示碳，H 表示氢，O 表示氧。尿素是化肥的一种，用 $CO(NH_2)_2$ 表示，其中，C 表示碳，O 表示氧，N 表示氮，H 表示氢。在化学上，把这些化合物叫做有机化合物，简称有机物。研究有机化合物的学科，称为有机化学。

那么，有机物与无机物在结构组成方面是否相同呢？也就是说，它们中的各种元素是否都按照相同的方式组成的呢？这个问题引起许多化学家的思考，他们对此进行了长时间的研究。

瑞典化学家贝采里乌斯（1779—1848）创立了"二元说"理论，主张有机物与无机物在组成结构上是统一的；而法国化学家罗朗（1808—1853）却提出了"一元说"理论，主张有机物与无机物在组成结构上是不同的。

于是，围绕有机物与无机物的结构组成是否相同这个问题，双方展开了一场激烈的争论。

（一）贝采里乌斯与罗朗简介

贝采里乌斯于 1779 年 8 月 20 日出生在瑞典哥特兰德省东部的一个名叫韦斐松笞的村落。他 4 岁丧父，9 岁丧母，祖父和姨母把他养育成人。在十分困难的情况下，贝采里乌斯上完了中学。他刻苦学习，努力钻研科学知识，于 1796 年以优异的成绩考上了乌普萨拉大学。1802 年，他获得医学博士学位，28 岁就晋升为教授。

贝采里乌斯虽然学的是医学，对化学也感兴趣，并取得了一系列研究成果。

例如，1818 年，贝采里乌斯先后发现了碲、硒这两种新的化学元素。1823 年，他制得了纯净的单质硅，以后，他发现了钍，制得了铈等物质。

此外，贝采里乌斯创造了一套拉丁文字母符号，用它们来表示金、银、铜等金属元素。这是他对化学发展的一大贡献。

1826 年，贝采里乌斯先后测得一系列元素的原子量，发表了原子量表，从而为定量研究化学作出了重大贡献。

接下来就是，贝采里乌斯创立了关于有机物与无机物结构组成的"二元论"学说。

J. J. 贝采里乌斯

由于贝采里乌斯在化学领域作出了一系列巨大贡献，他获得了很高的荣誉。1808年，他被选为瑞典科学院院士；1810年，被选为瑞典科学院院长。此外，他还是英国皇家学会会员和彼得堡科学院名誉院士。他被国际化学界赞誉为瑞典化学大师。1818年，瑞典政府以他对瑞典科学所作的杰出贡献而封他为爵士。

与贝采里乌斯相比，罗朗就显得比较平凡，他既没有取得贝采里乌斯那样多的业绩，也没有获得像他那样高的名誉和地位。

罗朗生于1808年，是法国著名化学家杜马（1800—1884）的学生。他对化学特别感兴趣，而且很有事业心和进取心。他在从事化学研究过程中，不仅刻苦研究，而且不畏惧学术权威，不迷信传统偏见，只相信科学和真理。正因为这样，罗朗才能够在获悉贝采里乌斯创立了"二元论"理论以后，并不迷信他的这个学说，而是认真进行科学实验，从中发现这个学说的错误，提出了与之相反的"一元论"学说。更为可贵的是，他在遭到一些著名化学家反对时，仍然敢于坚持自己的主张，与对方展开争论，直至最后取得胜利。

正因为如此，罗朗在青年时代就对化学的发展作出了巨大贡献。这种不畏权势，敢于坚持真理的精神，值得少年朋友们好好学习。关于这些，大家在阅读下文以后，就会体会出来。

（二）"一元说"和"二元说"的主要内容

1. "二元说"

在介绍"二元说"之前，首先向少年朋友们介绍一下有关电解的知识。

什么是电解呢？电解是指通过电流，把化合物进行分解的过程。这种能够进行电解的化合物，被称为电解质。电解质在水溶液中能够产生正、负离子，能够导电。

例如，把食盐（NaCl）加水，变成 NaCl 溶液，此时，NaCl 发生电离，变成 Na⁺（钠离子）和 Cl⁻（氯离子）。当通电以后，根据同性相斥、异性相吸的原理，带正电荷的 Na⁺ 便向负电极或阴极移动，带负电荷的 Cl⁻ 便向正电极或阳极移动。这个过程就叫做食盐的电解过程。

1803 年，贝采里乌斯和他的同事，在做类似盐类的电解实验时，发现盐类在电解过程中，阴极出现了碱，阳极出现了酸。根据同性相斥、异性相吸原理，他断定酸和碱带有相反的电荷。于是，他对这种电解现象进行了深入研究，并撰写了一篇有关盐类电解实验的论文，阐述了下列观点。

他认为：①化合物被电解，其组成部分分别聚集在两极；②氢、碱类物质和金属等移向阴极，氧、酸类物质和氧化物等移向阳极；③化合物分解的量与它的亲合性及电极表面有着复杂的比例关系，分解的量与电量和电导率成正比；④分解中的化学变化首先与化合物中的成分对电极的亲合性有关，其次与各成分彼此之间的亲合性有关，最后与生成化合物的内聚力有关。

对于上述观点，少年朋友们在今后的学习过程中，会有深入了解。

总之，贝采里乌斯认为，盐在电解过程中，被分解为酸和碱两部分，其中，碱是带正电的化合物，酸是带负电的化合物。这就是说，盐由两

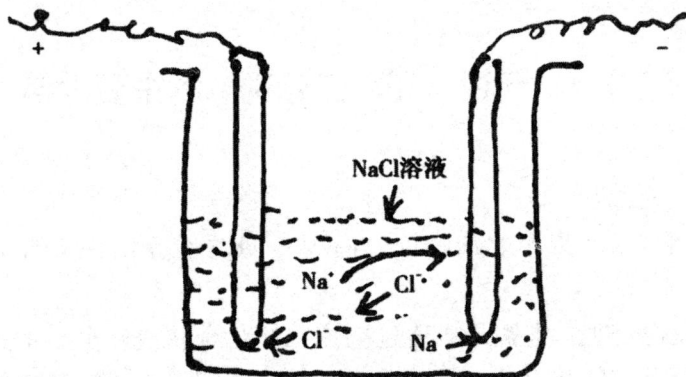

NaCl 溶液电解示意图

贝采里乌斯在做类似盐类的电解实验时，发现盐类在电解过程中，碱出现在阴极，酸出现在阳极。

部分组成，一部分是带正电的碱，另一部分是带负电的酸。盐的组成结构是二元（即两部分）的，盐既有正电性又有负电性。

贝采里乌斯把上述盐带有正、负电性的认识推广到元素上面。他猜想，每个元素的原子都像盐那样带有正、负两种电荷和两种电性，但其中的正电与负电的量不是相等的。就是说，原子往往带有多余的正电或负电。这样，当正负电在一起中和以后，元素并不一定呈现中性。他认为，在所有元素中，氧是负电性最强的元素，钾是正电性最强的元素。

按照贝采里乌斯的上述观点，不管是盐类化合物，还是元素，任何一种物质，它本身都由带正电性物质和带负电性物质这两部分组成，它既有正电性，又有负电性，根据所带电量的多少，来决定它在表面上带正电还是带负电。这就是所谓的"电化二元说"，简称"二元说"。

贝采里乌斯创立的"电化二元说"理论，把每个化合物或者元素都分成两部分，分为正、负两种电性。即任何化合物或元素在化学结构组成和带电性上都由两部分组成，从而把物质的化学结构组成和它的带电性联系起来，统一起来了。

应当说明的是，当时，贝采里乌斯研究的化合物都是无机化合物，所以，他创立的"二元说"是针对无机化合物而言的。这种"二元说"对于了解许多无机物的化学现象起到了积极作用，也使化学家们容易理解和接受。因此，这个理论很快被当时大多数化学家赞同，贝采里乌斯获得了人们的普遍赞誉。

2."一元说"

"一元说"虽然是由法国化学家罗朗创立的，但是，这个理论的最初创立，却是与罗朗的老师、法国著名化学家杜马的一次偶然发现分不开的。

1834 年的一天晚上，杜马去法国的杜伊勒里城，参加一场社交晚会。杜马陶醉于热闹的情景之中，宾客们很敬重这位化学家，更有一些化学家利用这个机会，同杜马探讨一些学术问题。

晚会是用蜡烛来照明的。据说，烛光可以增强晚会的气氛，激发出人们的诗情画意。正当人们被晚会的情景所陶醉时，却被蜡烛燃烧时放出的一种刺激性气体熏得难以忍受，大家纷纷口发牢骚，扫兴离去。

杜马自然也闻到了这种难闻的气体，但他没有像其他人那样立即离去，而是凭着化学家所特有的敏感和直觉，对这种气体进行了研究。他发现，蜡烛燃烧时放出的气体是氯气。

氯气是一种黄绿色气体，比空气重，具有强烈的刺激性臭味，有毒，有腐蚀性，容易凝成液体。后来人们才知道，氯气的用途很广，可以用来杀菌或制造漂白粉。

那么，氯气是从哪里来的呢？杜马通过研究发现，蜡烛中就含有氯气，当蜡烛燃烧时，氯气就被释放出来了。

氯气又是如何进入蜡烛里的呢？杜马通过研究发现，原来，蜡烛是由可燃性有机化合物组成的，有机物中本来没有氯元素，而只有碳、氢、氧等元素。当这种有机物遇到氯气时，就会发生化学反应，氯把有机物中的氢元素置换出来，与其他元素化合，生成另外一种呈现白色的、新的并可以燃烧的有机物，所以有的蜡烛呈白色。这种有机物与原来的有机物都可以燃烧，只是没有氢元素，含有氯元素。原来的有机物不呈现白色，燃烧时放出二氧化碳和少量氢气，没有难闻的气味。而新的有机物则呈现白色，燃烧时，除了放出二氧化碳以外，还放出氯气，有难闻的气味。

在化学上，把上述化学反应叫做置换反应。即氯元素把氢元素从原来的位置上取代下来，自己则占据氢元素原来的位置上。这就好比在拔河比赛时，有一位少年朋友突然闹肚子，老师便把他从队伍中调换出来到医院治疗，让另一位少年朋友接替他，站在生病少年朋友原来所站的位置上一样。

其实，类似上面所说的置换反应的现象，早在1815年和1821年，就被法国化学家盖吕萨克（1778—1850）和英国物理学家、化学家法拉第（1791—1867）发现了，只是当时他们的发现并没有引起人们注意。这次杜马重新发现了这种化学反应现象，并且弄清了其中的反应机理。但是，他也没有认识到它的全部意义和价值。如果他能继续研究这种化学反应，也许能够获得巨大研究成果。于是机遇从杜马的眼皮底下溜走了。

真理属于那些有思想准备并且善于捕捉机遇的人。杜马的上述研究，被他的学生、法国化学家罗朗敏锐地注意到了，罗朗以非凡的洞察力预见了杜马研究的重要价值。

1836年，罗朗对氯元素（还有其他元素）取代有机物的置换反应进行了深入研究。他发现，当氯把氢取代出来以后，所产生的新的有机化合物的性质并没有发生多大变化。这是什么原因呢？他认为，这是因为"这些元素居于氢的地位，并在某种程度上起着氢的作用；因而新的物质应当与最初的物质有类似之处"。

于是，罗朗通过多次实验研究，提出了他的"一元学说"。他认为，如果某种元素（如氯元素）与有机化合物发生反应（这种反应是置换或取代反应），当"用其他元素取代有机物中的氢以后，可以得到同初始物质相似的新物质"。这就是说，有机物是一个具有统一结构的整体，它在组成和结构方面都是统一的一个整体，在性质上也是统一的、稳定的，即使它内部的某种成分或某种元素（如氢元素）被其他元素（如氯元素）取代以后，它自身的结构组成和化学性质依然保持不变。有机物在结构组成和化学性质方面都是一个整体，是一元的。这就是罗朗的"一元说"。

3. "二元说"与"一元说"的区别

通过上面的叙述，可以看出，贝采里乌斯的"二元说"和罗朗的"一元说"有着本质区别。

第一，"二元说"认为，任何无机化合物或元素在结构组成和带电性方面都被分为两个部分，因此，化合物的结构组成和带电性都是二元的；而"一元说"认为，有机化合物无论是在结构组成，还是在化学性质方面都是统一的整体，是一元的。

第二，"二元说"主要是针对无机化合物而言的，而"一元说"则主要是针对有机化合物而言的。有机物与无机物的结构组成是不相同的。

由此可见，虽然上述两种学说有着本质区别，但由于它们各自说明的是不同类物质的结构组成和化学性质，因此，这两种学说似乎也不会发生矛盾。

然而，贝采里乌斯一方面把自己的"二元说"从无机物领域推广应用到有机物领域中去，认为"二元说"同样适用于有机物，即有机物的结构组成和化学性质也是二元的；另一方面，他强烈反对甚至攻击罗朗的"一元说"理论。于是，双方争论便由此展开了。

（三）争论的主要过程

1. 从"二元说"到"基团学说"

前文已经谈到，贝采里乌斯把他从无机物那里获得的"二元说"推广到有机物中来，进而提出了"基团学说"。

在此之前，法国著名化学家拉瓦锡（1743—1794）发现了氧气，创立了燃烧学说即"氧化说"。他认为，物质燃烧是物质与氧结合的过程，是空气中的氧与物质发生了氧化反应，才使它燃烧起来。农村的小朋友烧火时，经常用嘴吹火，或用扇子扇火；工厂的锅炉房后面大都竖起一个高大的烟囱。所有这些都是为了通风，让空气中的氧气迅速与柴火或煤炭发生氧化反应，从而加快燃烧。

拉瓦锡创立"氧化说"以后，把所有含有氧元素的化合物都叫做氧化物。在这些氧化物中，他把氧单独列出来，把其他不含氧的组成部分也单独列出来，叫做"基"。这样，他就把氧化物分为含氧部分和不含氧部分。在无机氧化物中，他把不含氧的部分叫做"单基"；在有机化合物中，他把不含氧的部分叫做"复基"。

例如，在无机物氢氧化钠（一种碱）中，按照拉瓦锡的上述观点，把氢和钠这部分叫做"单基"；在有机物乙醇中，把碳和氢这部分叫做"复基"。其实，这种划分方法是不科学、不正确的。

然而，贝采里乌斯却把拉瓦锡的上述方法继承下来了。他认为，所有的有机化合物都是"复基"的氧化物。他根据自己提出的"二元说"，把有机物也分为两部分，一部分是含氧部分，带负电；另一部分是不含氧部分，带正电，也就是"复基"部分。

例如，他把乙醇的分子式写成$(C_2H_6)O$，把乙醚的分子式写成$(C_4H_{10})O$ 等等，其中，C_2H_6 和 C_4H_{10} 就是"复基"部分，带正电，氧（O）带负电。

A. L. 拉瓦锡

农民烧火时，经常用嘴吹火，或用扇子扇火。

　　这样，贝采里乌斯就把原本是一个整体的有机物强行分解成两部分，企图利用他的"二元说"理论把有机物与无机物统一起来，主张有机物和无机物都由相同的结构组成，都是二元的。

　　拉瓦锡和贝采里乌斯的上述思想和划分方法完全都是凭空想像出来的，实际上是不存在的。但是，这些思想和方法却得到了一些著名化学家的信任和支持。德国化学家李比希（1803—1873）和法国化学家杜马等人纷纷发表论文，称赞贝采里乌斯的"二元说"。李比希甚至说，"有机化学就是复合基的化学"。由于贝采里乌斯、李比希、杜马等人都是当时化学界的权威，"二元说"自然倍受人们的拥护，并占据着统治地位。

　　然而，年轻的化学家罗朗并没有盲目信服贝采里乌斯的"二元说"，而是根据自己的实验研究，创立出了科学的"一元说"。

　　2. "一元说"受到攻击

　　"一元说"问世以后，立即遭到贝采里乌斯等人的强烈反对。在他们看来，有机物由带正电的"复基"和带负电的氧两部分组成，这两部分由于所带电性不同而不能相互取代，带负电的部分不能取代带正电的部分，带正电的部分也不能取代带负电的部分。然而，杜马和罗朗却认为带负电的氯可以取代带正电的氢，而且，氯取代氢以后，它起到的作用与氢相同。贝采里乌斯认为这是不可能的，是不可思议的。

贝采里乌斯还认为，即使氯能够取代氢，由于带负电的氯取代带正电的氢，使得生成的新的有机物中的"复基"部分和氧都带负电，根据同性相斥原理，这两部分就自然发生排斥作用；其结果，就打破了原来有机物的结构组成，会形成其他类型的有

J. 李比希

机物。而且，新旧两种有机物的性质会发生很大差异。但是，罗朗却主张，氯取代氢以后，形成新的有机物的结构组成和化学性质与原来有机物基本相同。因此，贝采里乌斯认为罗朗的观点是不可理解的。

于是，贝采里乌斯在确认罗朗的"一元说"是不可思议和不可接受的以后，便开始向罗朗发起了猛烈抨击。他认为，罗朗的"一元说"是"与化学基本原理相矛盾的"，是错误的，这个学说"不利于科学的发展"。

3. 杜马临阵脱逃

也许因为罗朗是杜马的学生，或许因为杜马第一个发现氯与有机物发生的置换反应，贝采里乌斯开始没有直接攻击罗朗，而是把罗朗的"一元说"观点看成是杜马的观点，直接点名攻击杜马。

面对贝采里乌斯的攻击，作为罗朗的老师，杜马本来应当认真研究罗朗的"一元说"，并把它与"二元说"相比较，从中找出二者之间所存

在的差异，然后与罗朗和贝采里乌斯进行探讨；更何况，杜马曾经对氯置换或取代氢的反应机理进行过研究。因此，杜马更应当积极参加这场科学争论。

然而，曾经赞同过贝采里乌斯的"二元说"和"基团学说"的杜马却没有这样做。相反，他却为自己辩解，企图回避这场争论。

杜马向贝采里乌斯辩解道，罗朗的"一元说"是罗朗本人创立的，不是自己的观点，自己也曾"极力反对"罗朗的"一元说"理论。杜马要求贝采里乌斯不要把罗朗的观点"强加于"自己，企图以此开脱自己，维护自己的名誉。

读到这里，有的少年朋友会问，杜马难道不是第一个研究氯取代氢的化学反应过程的吗？罗朗只是在杜马研究的基础上才创立"一元说"的呀！既然如此，杜马为什么说罗朗的"一元说"与自己毫无关系呢？

杜马是这样来回答的。他说，自己以前提出的取代作用仅仅是一个"经验定律"，与罗朗的"一元说"完全无关。这也就是说，杜马认为，自己提出的取代作用只是随意性的研究成果，并没有对此进行理论上的总结，因此，这与罗朗的理论没有关系。

于是，杜马进一步声明，"罗朗对我的学说所作的夸大其词的渲染，对此我是概不负责的"。

可见，杜马不但不赞同罗朗的观点，还反过来攻击罗朗，完全站在与罗朗相对立的立场上，与贝采里乌斯共同反对和攻击罗朗的"一元说"。由于杜马和贝采里乌斯等人都是罗朗的前辈，对化学也曾作过很多贡献，在当时的化学界享有很高的声望；而罗朗当时还只是一位青年化学家，论资格、辈分、地位都无法与他们二人相比。因此，在这场争论中，一方是享誉当时化学界的学术权威，另一方是"初生之犊"的青年后辈。可见，争论双方力量相差悬殊（由于杜马和贝采里乌斯持反对态度，人们迫于他们的权威，也随之反对罗朗），罗朗人单势薄，凶多吉少。

4. 罗朗"初生牛犊不怕虎"

俗话说，"初生牛犊不怕虎"。面对化学权威们的强大攻势，罗朗毫不畏惧，反而信心百倍。他相信，实践是检验真理的唯一标准，权威代表不了真理，掩盖不了谬误。他认为，贝采里乌斯的观点没有事实根据，他说，哪怕对方能够拿出一个事实来，我就会立刻放弃自己的理论，否则将坚持自己的观点，毫不动摇。罗朗坚定地表示，自己只能服从真理，而不会屈从于权威的压迫和攻击。他相信真理最后将会属于自己，"一元说"必将战胜"二元说"。

有了信心和信念并不意味着胜利，关键是运用科学实验来证明自己的"一元说"是正确的。于是，罗朗深入进行实验研究，不断积累实验材料和数据，终于用大量实验证实了自己的观点。以后，他的"一元说"又得到了越来越多实验的证实。其他一些著名化学家也接二连三地通过实验研究，验证了罗朗"一元说"的正确性，从而为"一元说"的最后胜利起到了积极作用。其中，杜马、李比希等人通过实验研究，也折服于"一元说"理论，转过来反对"二元说"，从而使争论双方力量发生了很大变化。

5. 杜马等人放弃"二元说"，相信"一元说"

1839年，杜马在实验研究中发现，如果把氯和醋酸（日常食用醋的主要成分）放在一起，那么，二者就会发生置换反应，氯把醋酸中的氢置换或取代出来，生成一种新的有机化合物——氯代醋酸。而氯代醋酸和原来的醋酸相比较，二者的化学性质十分相似。这样就充分证明了罗朗的观点是正确的。

在严谨的实验结果面前，杜马由原来相信"二元说"，反对"一元说"转变为放弃"二元说"，相信"一元说"；由过去攻击罗朗转而支持罗朗、反对贝采里乌斯了。他还告诫人们，不要再接受贝采里乌斯的"二元说"，必须抛弃它，改而相信罗朗的"一元说"。

1839年，杜马在相信"一元说"的基础上，进一步通过实验研究，提出了"杜马的类型论"学说。杜马指出，"在有机化合物中存在某些类型，即使它们所含的氢被等量的氯、溴或碘所置换，这些类型仍保持不变"。杜马把一些有机化合物归为几种类型，例如，他把醋酸（$C_2H_4O_2$）、氯代醋酸（$C_2H_3O_2Cl$）等有机物归为"化学型"，把蚁酸（CH_2O_2）、氯仿（$C_2H_2Cl_6$）等有机物归为"机械型"。以后，德国化学家霍夫曼于 1850 年把甲胺、乙胺等归为"氨类型"，英国化学家威廉逊在同年又提出"水类型"，德国著名化学家凯库勒于 1857 年提出了"沼气类型"。

杜马等化学家，不仅证明了罗朗的"一元说"理论，而且，他们还根据这个理论，对不同类型的有机化合物的结构组成和化学性质进行了深入研究，发展了"一元说"理论。

杜马不仅自己反对"二元论"，还与李比希（他也在实验研究过程中看到了"二元说"的错误，改而信服"一元说"了）联合起来，共同抨击"二元说"。

6. "一元说"最终战胜了"二元说"

随着争论的深入进行，双方力量发生了逆转，罗朗由原来人单力薄转变为人多势众，而贝采里乌斯由原来的盛气凌人变成孤家寡人。然而，贝采里乌斯仍然固执己见，攻击"一元说"。可是，由于杜马、李比希这些著名化学家纷纷离开了贝采里乌斯，站在他的对立面，成为"一元说"理论的支持者和传播者，人们纷纷相信、支持罗朗的"一元说"理论。加上罗朗本人的努力，"一元说"最终战胜了"二元说"。

（四）不该发生的另一场争论

经过一番激烈的争论，"一元说"战胜了"二元说"，杜马和罗朗等人本来应该齐心协力地开展有关有机物结构组成和化学性质方面的研究，因为"一元说"本身仍有许多不足之处，需要通过进一步研究加以完善。

然而，事情并非这样简单。当"一元说"与"二元说"的争论结束以后，却又围绕谁最先创立"一元说"的问题，在杜马和罗朗之间展开了新的争论。

原来，杜马在由支持"二元说"转过来支持"一元说"以后，便提出了关于有机物结构组成的类型理论。这个理论在化学界被称为"杜马的类型论"（前文已叙述）。

应该说，杜马提出的这种"类型论"是与罗朗的"一元说"密切相关的，至少是根据"一元说"的理论创立出来的；否则，杜马在支持"二元说"反对"一元说"的时候，为什么没有创立出他的"类型论"呢？

但是，杜马却说自己创立"类型论"与罗朗的"一元说"无关。这就是说，杜马认为自己是独立创立"类型论"的。另外，当一些不明事实真相的化学家把杜马当作"一元说"的创立者的时候，杜马并没有出面解释，澄清事实真相，让人们知道罗朗才是"一元说"的真正创立者。

罗朗对此当然是不会沉默的，他直言不讳地向杜马申诉自己是"一元说"的真正创立者，要求杜马向世人解释清楚，消除误会。

罗朗的正当申诉大大刺伤了杜马的自尊心。他不但没有接受罗朗的申诉，反而恼羞成怒，把罗朗排挤到边远穷困地区，致使罗朗在以后的生活中穷困潦倒，45岁的时候就不幸去世，过早地离开了他热爱的化学研究事业。

这是一场不应该发生的争论，更是一个不幸的结局。仅仅是因为"一元说"的发明优先权问题，杜马竟然不顾师生情谊，残酷排挤和迫害罗朗，致使他英年早逝，给化学研究事业带来了不应有的重大损失。

少年朋友们，应当怎样正确看待这场不该发生的争论呢？

首先，杜马虽然最先研究有机物的置换反应，并提出了有机物中的氢元素即使被其他元素所取代，其本身的结构组成和化学性质不变的思想，但是，他却对此并不重视，没有继续认真研究，更没有对此进行理论总结，提出"一元说"。并且，当贝采里乌斯点名攻击他时，他却借口以自己的研究与罗朗的"一元说"无关为由，逃避争论。这是历史事实。罗朗虽然没有最先研究置换反应，但他却重视杜马的研究，能够进一步

　　杜马不但没有接受罗朗的申诉，反而恼羞成怒，把罗朗排挤到边远穷困地区，致使罗朗在以后的生活中穷困潦倒，英年早逝。

地提出了"一元说"理论。而且，他还能始终不畏权威，敢于坚持自己的观点，敢于同贝采里乌斯这样的权威进行争论，直至取得胜利。这也是无可争辩的历史事实。

　　其次，杜马在受到贝采里乌斯攻击时，放弃了对有机物置换反应的研究。只是当他在改信"一元说"以后，才重新研究，提出了"类型论"学说。

　　历史事实是任何人也篡改不了的。根据上述历史事实，少年朋友们很容易发出以下质疑——

　　为什么杜马在受到贝采里乌斯攻击时，轻率地放弃自己对置换反应的研究，转过来攻击罗朗的"一元论"呢？

　　为什么杜马在"一元论"最终获得胜利时，却极力否认自己的"类型论"与"一元说"有关,对人们称他为"一元说"的创立者这样的糊涂评价默认接受呢?

为什么罗朗在与贝采里乌斯进行争论时,没有受到排挤和迫害,却在与他的老师杜马围绕"一元论"的创立者这个师生内部的问题进行争论时,遭到老师的排挤和迫害以致早亡呢?难道这就是师生间应有的关系吗?

当然,杜马能够首先研究置换反应,并且,一旦发觉"二元说"错误、"一元说"正确时,就果断地放弃并反对"二元说",转过来支持"一元说",并进一步取得研究成果,这些都是值得称赞的。然而,杜马在遇到贝采里乌斯的攻击时,就轻率放弃自己的原来观点,轻信贝采里乌斯的观点,还帮助他反对自己的学生和"一元说",而不是去积极地帮助自己的学生去研究、验证"一元说",这些都是不可取的,只能说明杜马畏惧权威,自私自利。至于杜马最后竟然说自己创立的"类型论"与罗朗的"一元说"无关,还企图通过人们的糊涂评论,与自己的学生争夺不该属于自己的名利,这更不是一个科学家和为人师表者的正常行为。杜马没有在罗朗处于争论低潮和困难之时,与罗朗共患难、齐奋斗,反而在罗朗即将享受奋斗后的甘果时,掠人之美。这正像罗朗所说的那样,"如果这个理论被证明是错误的话,我就成了它的创立者;如果这个理论被证明是正确的话,杜马就成了它的创立者"。杜马的这种错误行径当然为科学界所不齿!

诚然,罗朗在与贝采里乌斯争论的过程中,没有采取谦逊态度,而是言词尖刻,甚至没有尊重对方,谩骂对方的行为是"罪恶昭彰的欺诈",这是作为一名青年化学家所不应该有的;另外,罗朗没有认真地向杜马解释自己创立"一元说"的经过,以求得杜马的理解和支持,使他最终承认自己是"一元说"的创立者,而是直言不讳地与杜马争辩,强烈要求杜马承认自己是"一元说"的创立者,承认他提出的"类型论"与自己的"一元说"有关。这种过激态度也是不可取的。

无论如何,罗朗在争论中所表现出的不畏权威,敢于坚持真理,通过实践检验来证实自己理论的精神和品德，值得少年朋友们学习。

那么，究竟谁是"一元说"的真正创立者呢？还是听听化学家们的客观评论吧！

1951年，德国化学家霍夫曼（1937—）在访问法国时，对于杜马排挤、迫害罗朗的行为十分痛心。他称赞罗朗是"当时最出色的一位化学家"。另一位德国化学家凯库勒（1829—1896）也对罗朗这个"伟大化学家所受到的冷遇""痛心不已"。

日本化学史专家柏木肇认为"杜马原本并不是一元论者"，而是一位在"当时化学家中最强有力的二元论的推进者"。

美国化学史专家莱斯特认为，杜马不是"一元说"的提出者，而只是"一元说"的接受者。

法国化学家肖莱马（1831—1892）把罗朗赞誉为"一位在创立现代化学体系方面占据着首要地位"的化学家。

显然，"一元说"的创立者是罗朗而不是杜马，罗朗才是这场争论的最后胜利者。

权威代替不了真理，依靠权威也不能永远占有真理。只有通过实践（科学实验）研究、检验，才能最后获得真理。实践出真知，实事求是，这应当成为少年朋友们的座右铭！

五、地球像"橘子"还是像"西瓜"

——关于地球形状的争论

地球是什么形状的呢？看到这个问题，许多少年朋友都能够马上回答出来：地球是圆的，或者地球是球形的。然而，如果进一步要问：地球是像足球或者篮球那样的正圆形呢，还是像橘子那样的扁圆形或者是像西瓜那样的长圆形呢？有的少年朋友可能回答不出来了吧？

我们的先辈们在认识地球形状的过程中也遇到这个问题。他们根据自己的研究，提出了各自不同的学说，并由此展开了激烈的争论。其中，主要的争论有：古代中国的"盖天说"与"浑天说"之争，近代西方的"地扁圆球说"和"地长圆球说"之争等。下面就向少年朋友介绍一下。

（一）关于地球形状的最初认识

早在原始社会，我们的祖先就开始关注地球形状了。例如，考古学家们挖掘出了世界上最早的地图——"巴比伦泥版地图"。它是巴比伦（古代地名，今属于伊拉克的一部分）人早在公元前 2800 年以前绘制出来的（如下图所示）。从图中可以看出，巴比伦人把他们所在的地区画成一个圆盘的形状，这个圆形地形的周围被河流所环绕，他们生活在圆形大地的中央。这个地图被认为是最早的一幅关于地球形状的地图。可见,人类的祖先早在原始社会就已经开始认识和描绘地球形状了。

当然,由于原始人各自生活在不同的地区,又由于他们只是用肉眼直观地去看去想,因而很难对大地形状进行准确判断和描述,只能形成各种粗浅、朦胧的认识。

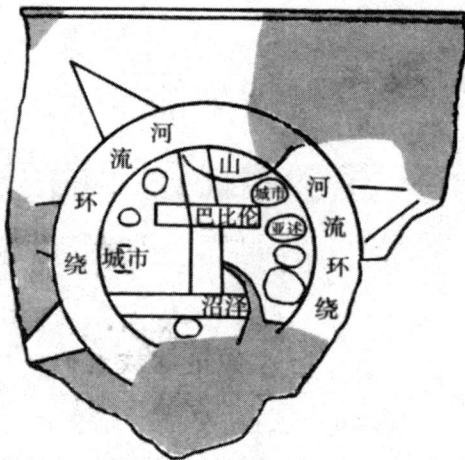

古巴比伦泥版地图

(二) 宗教神话中的天地形状

1. "女娲补天"说(古代中国)

传说在上古时期有两个帝王,一个叫做"共工",一个叫做"颛顼"(读音:zhuān xū)。他们俩都想当天子,以便独自统治天下。于是,他们之间展开了争斗。结果,共工被颛顼打败。共工非常恼怒,挥手把支撑苍天的天柱(天柱由不周山来支撑)折断。于是,天塌下一个大洞。这时,有一个名叫女娲的天神,用火炼五色岩石来弥补这个大洞,然后,再砍断海洋里的大龟的脚,把它作为天柱,用这样的 4 根天柱再把已经倒塌下来的苍天支撑起来。

从这个神话中可以看出,我们的祖先认为,天和地是相连着的。天是圆的,由天柱支撑在大地之上,地是方的,它被几根大绳索悬挂在天的下方。这就是我们祖先所说的"天道曰圆,地道曰方"。也就是说,在这个神话中的,地球形状是方的。

2. "鲧(读音:gǔn)托大地"说(古代中国)

传说鲧是我国夏代第一代君主禹的父亲。当时，大地经常洪水泛滥，使百姓深受其害，民不聊生。看到这一切，鲧深感不安。为了解救处于水深火热之中的天下百姓，鲧偷取天帝创造的泥土，打算用它来堵塞泛滥的洪水，结果被天帝发现了。天帝十分生气，派人把鲧抓起来，令他举双手将大地托起来，企图用沉重的大地来惩罚他，以此警告他不能乱动，不要做违背天帝意愿的事。从这个神话中可知，鲧双手托起的大地也是方形的，是一块平整的板状。另外，在考古学家挖掘出土的帛画文物中，大地也被画成一块平整的板块形状。如下图所示。

长沙马王堆一号墓出土的帛画　　　　鲧托大地图

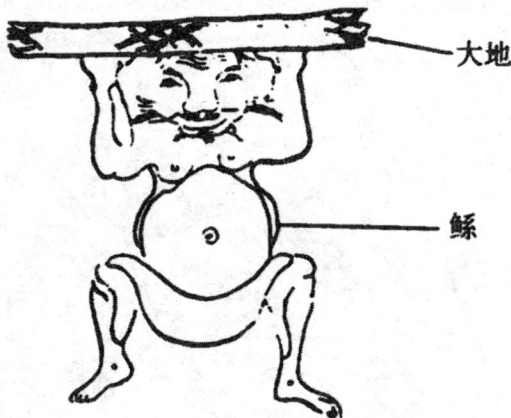

3."三神创世"说（古埃及）

这个神话说的是，在地球形成以前，整个世界全部被水覆盖着，根本没有陆地。

这时候，在水中有一个名叫"吕蒂"的女神和一个名叫"西布"的男神，他们相互结合在一起，漂浮在水中，男神在下面，女神在上面。

后来，又在原始水中出现一个新的名叫"舒"的大气神。他用双手把女神吕蒂托起升到空中。

这时，女神吕蒂不愿意与男神西布分离开，于是就张开双手和双脚（这时的女神手脚也迅速长大），一边与男神连在一起，一边支撑起自己的身体，形成一个拱形。这样，女神吕蒂的身体就形成了天，她的背和手脚变成了天穹，四肢也成为支撑天宇的4根柱子（把它们叫做天柱），女神也就变成了天盖之神；男神西布也不愿意与吕蒂分离，于是，他便斜卧在水中，把双手和双脚与女神手脚连在一起。这样，男神的身体就化成了大地，成了地神，在男神的身体上便生长着万物，在男神与女神中间，形成了宇宙空间，由气神、日月山川、万事万物组成。下面的图就是古代埃及人画出来的。

从这个神话可以看出，天地形状是拱形的，形状像圆弧。

古埃及木乃伊棺木上的图画（三神创世）

4. "天圆地方"说（古埃及）

这个神话说的是，天像一块隆起的天花板，它的四面由4根天柱（4座高耸的山峰）支撑；星星就像灯一样被用铁链悬挂在天上；大地像一个方形的盒，盒底呈凹形，埃及就位于凹形盒底的中心处。在方盒的边上，环绕着一条大河，尼罗河（埃及的一条著名的河）就是这条大河的一条支流。河上航行着一条大船，船上载着太阳，往返于东西方世界，

从而使大地上有白天和黑夜之分，如下图。

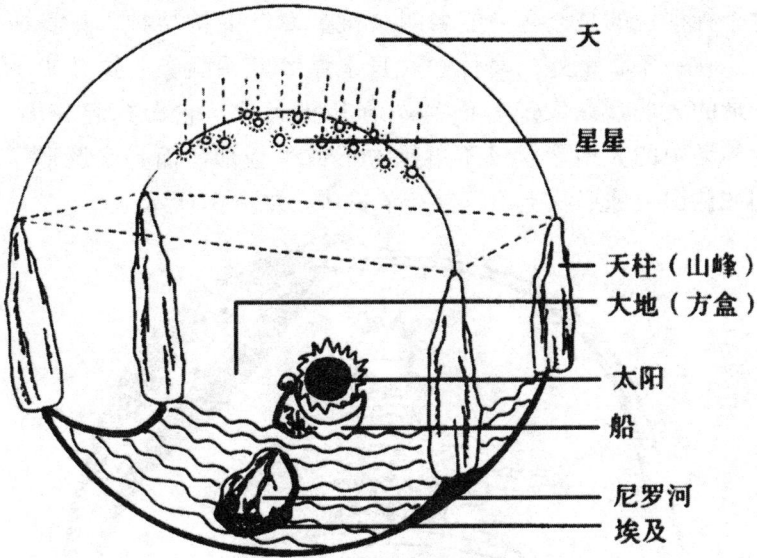

古埃及"天圆地方"说示意图

5."天圆地平"说（古巴比伦）

这个神话说的是，大地的形状像一块平板，中央部分是大陆，四周由海洋围绕。海洋之外有高山，高山支撑着天，所以把高山又叫做天柱。天是圆弧形的，天内布满着日月星辰。如下页的上图所示。

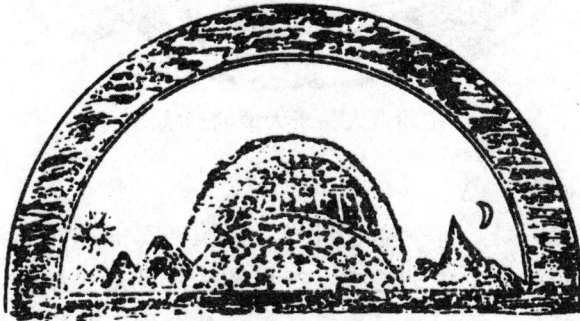

"天圆地平"说示意图

6. "蛇、龟、象共托大地"说（古印度）

这个神话说的是，有一位名叫"毗瑟拿"的护持神，化身成一个大海龟，趴在一条眼镜蛇的身体上，身上站着几头大象。这几头大象还驮着半圆形的大地，在大地上面又站着几头大象，它们托起高山。可见，古印度神话中的大地形状已不再是方形或平板形，而是半圆形了。这说明他们在认识大地形状上，已经有了进步，如下图所示。

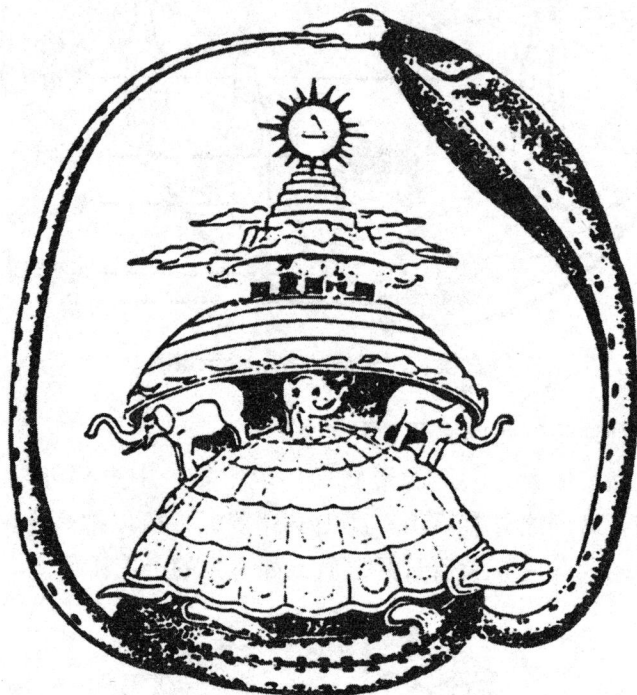

古印度人关于大地的形状图

7. "大地圆形"说

这个神话说的是，有一位名叫"阿特拉斯"的神，他不知什么原因得罪了宙斯（希腊神话中的主神，神界和人间的最高统治者，在罗马神话中又称他为"丘比特"），受到了惩罚，被罚用双肩把圆形的大地扛起来，他自己的躯体也就成了一根天柱。如右图所示。

细心、善于思考的少年朋友会从上面所说的各种神话中看出，原始人关于天地形状的种种神话传说虽然内容各不相同，但是，在它们的神话中都有水，大地几乎都是平坦的，天穹几乎都是圆形的或半圆形的。这是因为，原始人生存或生活着的地方大都是平原地区，而且都有河流或者海洋，原始人大都注意到太阳清晨从东方升起，傍晚在西方落下，认为太阳在天空中的运动是圆弧形或半圆形的。由此可见，原始人关于天地形状的各种神话传说虽然是主观臆造的，甚至有些荒唐可笑，但是，这些神话并不是完全脱离实际，而是有一定的实践基础的。

阿特拉斯托地球图

正是因为这样，这些神话传说为后人继续依据客观事实进行深入观察，打下了基础。它们启发并引导后人建立科学的地球形状学说。

因此，对待神话，少年朋友们要有一个正确、辩证的认识态度，既要剔除神话中的假科学或伪科学的糟粕，又要善于吸收其中的科学成分，以促进科学的发展。

（三）观察自然现象形成"大地球形"说

1. 观察"月食"判断地球形状

什么是"月食"呢？当地球运行到太阳与月亮之间时，太阳光被地球挡住，不能照到月亮上面去。我们把这种现象叫做"月食"。当太阳光全部被地球挡住时，称为"月全食"；当太阳光的一部分被地球挡住时，称为"月偏食"（如下图所示）。月食一般发生在农历十五日或十五日以后 1～2 天的晚上，如果是晴天晚上，一般都能看到。

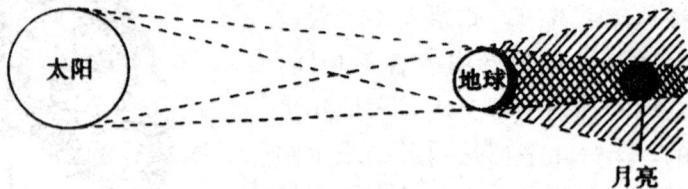

"月食"成因示意图

上面所说的月食现象在古代已经被人们注意到了，并且，他们也知道这种现象是地球挡住太阳光对月球的照射所形成的。

少年朋友们大都知道这样的自然现象：一个物体是什么形状，它的影子也一定与它本身的形状相似。照此推测，地球的形状也一定与它在月亮上的影子的形状相似。就是说，如果地球是三角形或菱形、圆形，那么，它在月亮上的影子也一定是三角形或菱形、圆形。古人通过观察"月食"，特别是"月全食"现象，发现地球在月亮上的影子是圆形（因为月亮是圆的，这可以直接用肉眼观察到），由此可以推测出地球的形状也是圆形的。

2. 观察太阳推测地球形状

善于观察的少年朋友可能已经注意到了，太阳在东升和西落之前，在东边和西边的天空中都会出现美丽的朝霞和晚霞。

这是为什么呢？物理学特别是光学研究表明，这是由于太阳在地平线以下 18°时，高层大气分子反射太阳光的结果。原来，太阳光在大气中传播时，受到大气分子的反射作用，不能进行直线传播，只能不断地向地面弯曲。这种弯曲式的传播，使得太阳在地平线以下时，就会出现瑰丽的朝霞或晚霞。

这些科学原理在古代当然还没有完全被人们掌握。但是，他们却能够推测出这样一个结论：如果地球不是球形或者不是圆形，而是像桌子一样为方形，那么，就不可能看到朝霞和晚霞。这正如古人所说的那样："若地为方体者，则日月诸星不当有隐显各异。"意思是说，如果地球形状是方形，那么，太阳、月亮等各种星体就不会有隐藏下去和显露出来之分；只有地球是穹形、圆形或者是球形，才能看到朝霞和晚霞。可见，古人虽然不懂得出现朝霞和晚霞的科学原因，但是，通过所观察到的自然现象，运用逆向推理方法，也可以间接地推测出地球的形状。

3. 观察物体运动推测地球形状

当少年朋友在海岸上观察来往航船时，就会发现，离你远去的航船越来越小，首先是船身最早在你的视野中隐没，接着便是船桅，最后是桅尖，直到整个船体在你的视野中消失。

当你再注意观察从远方向你航行的船只时，你会发现与上述相反的现象：最先看见的是船的桅尖，然后看到的是船桅，最后才能看见船身（如下图所示）。

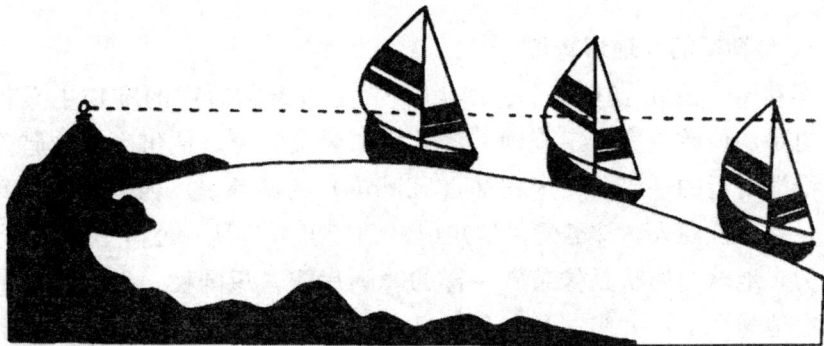

站在岸上的人见到航船离岸或靠岸时的情景。

如果你到船上去，站在船上看海岸上的景物，例如，观看海岸上的高大楼塔。这时你会发现，当你站在离开海岸远航的船上时，在你的视野中，最先隐没消失的是高大楼塔的底部，随后才是楼塔顶部；相反，当你站在朝向海岸航行的船上时，在你的视野中，最先出现的是楼塔顶部，接着出现的是楼塔中部（如下页插图所示）。

上述现象早在古代就被我们的祖先发现了，他们由此推测出地球的形状是圆球形的。

站在船上的人见到岸上高大楼塔的情景。

（四）古代西方哲学家的"大地球形"说

1. 泰勒斯的大地形状说

泰勒斯（公元前 624—公元前 547）是古希腊时期的唯物主义哲学家，也是一位政治家、工程师、数学家和天文学家。他出生在希腊爱奥尼亚沿海附近的一座名叫米利都（Miletus）的城邦里。他虽然从事商业贸易，是一位商人，却酷爱科学知识，勤于思考，是一位博学多才的人。他认为，地球的形状是像茶碟一样的薄圆片或者短圆柱。天像锅盖一样倒扣在地球之上，太阳、月亮和星星在天上围绕地球旋转，地球是宇宙的中心。

泰勒斯说地球是宇宙的中心，这是不对的。其实，宇宙没有中心，地球也在围绕太阳旋转。另外，泰勒斯把大地的形状看成是圆柱形并且漂浮在水上，这也是不对的，因为它不符合地球的实际状况。

2. 阿那克西曼德的大地形状说

阿那克西曼德（公元前 611—公元前 546）也是米利都人。他也认为，大地的形状是一个圆柱体，在它的周围是一些空气和一些无形的原始物质，大地漂浮在这些空气和原始物质中，日月星辰都围绕它旋转。现在看来，阿那克西曼德的上述观点也是不对的。

3. 毕达哥拉斯的大地球形说

毕达哥拉斯（约公元前580—公元前500）是古希腊著名数学家。他经常观察太阳升起和落下前天空中出现的朝霞或晚霞，以及夜空出现的月食现象。他一边观察一边思考，认为大地是圆球形的，从而最先提出了大地球形说。

4. 亚里士多德的大地球形说

亚里士多德（公元前384—公元前322）出生在古希腊北方的斯塔吉拉城中的一个医生家庭，是一位百科全书式的哲学家、科学家。马克思称他是"古代最伟大的思想家"，恩格斯称他是古希腊"最博学的人"。他通过观察月食现象，并根据月球的形状，推测出地球的形状也是球形的。亚里士多德被认为是西方大地球形说的真正奠基者。

总之，西方哲学家虽然在关于地球形状这个问题上，没有形成统一的认识，但是，许多人都相信地球是球形的。这样，人们经过长期的反复观察、思考和认识，最后终于确定了地球是球形的理论。

（五）古代中国的"盖天说"与"浑天说"之争

1. "盖天说"简述

"盖天说"是我国周朝的学者周公旦创立的。他认为，天地形状是"天圆如张盖，地方如棋局"。这句话的意思是，天像一个半圆形的锅盖，大地像一块方形的棋盘。因此，"盖天说"也叫做"天圆地方说"。以后，人们又认为"天如覆盖，地如覆盆"，意思是说，天像一个倒扣着的锅盖，地像一个倒扣着的盆。人们便把上述两个"盖天说"分别叫做第一和第二"盖天说"。

2. "浑天说"概述

据古书上记载，"浑天说"最先是由我国西汉天文学家落下闳创立的。他发明了一台浑天仪。这台浑天仪由两个圆环组成，外圈的圆环代表的是天，内圈的圆环代表的是地球。当时，落下闳只是制作了这台浑天仪，并没有详细说明它的结构，其原因不详。

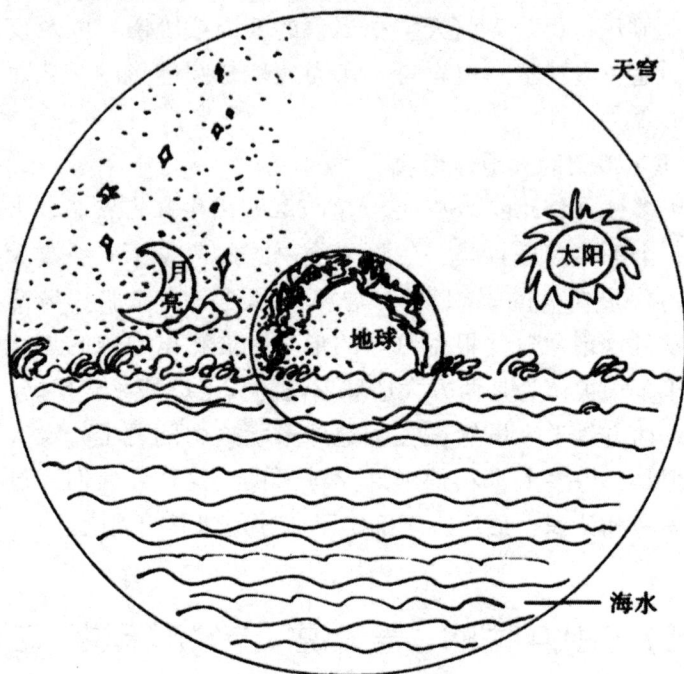

"浑天说" 示意图

到了东汉时代，伟大的天文学家张衡（78—139）发明了能够观测地震发生方位的"候风地动仪"，并用它成功地记录了公元 138 年在甘肃省发生的一次地震，这在当时被称为是一个奇迹。他写的一部名叫《浑天仪图注》（专门注释或说明浑天仪结构和功能）的著作，对浑天仪进行了以下解释："浑天如鸡子，天体如弹丸，地如鸡中黄，弧居于内，天大而地小，天体里有水，天之包地，犹壳之裹黄。天地各乘气而立，载水而浮。"这段话的意思是说，整个天的形状像鸡蛋，各种天体如太阳、月亮、地球等的形状就像射弹丸时用的铁丸那样圆；大地的形状像鸡蛋黄，它单独位于鸡蛋中。天比地大，天内含有水，天包含着地，就像鸡蛋壳包裹着鸡蛋黄一样。天和地各自依靠大气，存在于空中，各自又依靠水的托载而漂浮着。张衡所说的这段话，就构成了"浑天说"的主要内容。

张衡以鸡蛋和鸡蛋黄作比喻，非常生动形象地描述了天与地的形状以及它们之间的关系。少年朋友们会从上段话中的"地如鸡中黄"这一句知道，"浑天说"已经把大地形状看成是圆球状的了，这就比"盖天说"前进了一大步！

3. 殊途同归——中西方认识地球形状的特点

读到这里，善于思索的少年朋友就会发现，我们的祖先在认识地球形状的过程中，先后经历了由方形大地→弧形（或倒扣盆形）大地→圆球形大地的长期、复杂、曲折的阶段，最后逐渐揭开了地球的本来面目。

如果再把这个认识阶段与前面所说的西方人关于地球形状的认识阶段相比较，少年朋友们又会发现，中西方科学家在认识地球形状方面，都经历了大致相同的认识过程。但是，大家不要因此而错误地认为，这是西方人学中国人，或者中国人学西方人的结果。为什么呢？这是因为在古代，交通很不发达，信息也不灵通，中西方远隔千山万水，很难相互交流。因此，中西方对地球形状的认识是在彼此相互隔离的情况下独立完成的。

4. "盖天说"与"浑天说"之争

这场争论从汉代一直持续到唐代，在我国古代天文学界产生了巨大影响。

（1）桓谭与杨雄的争论

桓谭（公元前23年—公元50年）是我国汉代的著名哲学家。他敢于同迷信、神创论进行斗争。当时，社会上盛行一种鼓吹迷信和天命论的所谓"谶纬之学"（谶，读 chèn，是秦朝和汉朝时期巫师们编造的预示吉凶的隐语；纬，读 wěi，是汉代鼓吹神学迷信的一类书），该书认为凡是重大历史事件都是前世命中注定的，而且都在经书上事先记载好了的。一旦经书上没有，巫师们就无中生有地编造一些内容去骗人。篡夺汉朝大权并当上皇帝的王莽以及东汉开国皇帝刘秀，都利用"谶纬之学"为自己当皇帝大造舆论，以便欺骗百姓，让他们服从自己的统治。桓谭坚决反对"谶纬之学"，他曾经冒着杀头的危险，与皇帝争辩，揭露"谶纬之学"的反动本质，从而表现出他的无神论者的战斗精神。所以，桓谭也是一位具有战斗精神、大无畏的无神论者。

在判断"盖天说"与"浑天说"谁是谁非方面，桓谭坚持认为"浑天说"是对的。他作出这样的判断，不是出于个人的爱好和主观猜想，而是通过实地观察，证明了"浑天说"的正确性。也就是说，桓谭是通过观察判断而信仰"浑天说"的。桓谭不仅坚信"浑天说"，还运用实例，通过与那些信仰"盖天说"的人进行争论，来改变他们的信仰，让他们放弃"盖天说"，改信"浑天说"。他与杨雄之间的争论就是这样的。

杨雄与桓谭是同一时代的人，也是一位文学家和哲学家。起初，杨雄并不像桓谭那样信仰和支持"浑天说"，而是相信"盖天说"，反对"浑天说"。于是，二人便展开了争论。

有一天，桓谭与杨雄一起去皇宫面奏皇帝。由于他们俩去的比较早，当他们到达皇宫的时候，皇帝还没有到。于是，二人便坐在白虎殿的廊下，等待皇帝召见。这时，他们又围绕"盖天说"与"浑天说"谁对谁错的问题展开了争论。当时，天气还冷，两个人一边争论，一边背对着太阳，以便让太阳光照射自己的背部来取暖。

不一会儿，太阳光就偏离了他们。桓谭一直在想用什么办法来说服杨雄，忽然，他感到背部由暖变凉，他抬头看着渐渐偏离他们的太阳光，马上有了主意。他拉着杨雄说："杨兄，你瞧见没有，太阳光原来一直照着我们，可是，现在却偏离了我们。对这样的现象，应该怎样解释呢？如果依照你相信的'盖天说'理论，太阳虽然向西边走，但是，太阳光也应该照射到我们和这廊下的所有东西。你看到没有？现在的太阳光却偏离开，照不到我们了。只有把大地看成是球形，才会出现现在的情况。这难道不正好说明'盖天说'错，'浑天说'对吗？"

杨雄听罢，抬头望着逐渐偏离的阳光，思忖着"盖天说"与"浑天

桓谭抬头看着渐渐偏离他们的太阳光，马上有了主意。

说"理论。他终于拉着桓谭的手说："桓兄，你用事实说服了我，看来，'盖天说'错了，'浑天说'是对的!"说罢，两个人开心地笑了，并肩去面见皇帝。从此，桓谭与杨雄之间的长时间争论也就结束了。

桓谭用事实说服了杨雄。从那以后，杨雄把"盖天说"与"浑天说"进行了比较研究。他逐渐信服了"浑天说"，还写了一篇题为《难盖天八事》(意思是向"盖天说"质问的 8 件事)的文章，向"盖天说"提出了8 个难题，以此说明"盖天说"漏洞百出，号召人们放弃"盖天说"，改信"浑天说"。这样，"盖天说"日趋衰落，"浑天说"逐渐兴旺起来了。

科学是严肃的，科学争论也是严肃的。从以上事例我们可以看出，在科学争论中，最后的获胜者并不取决于他的口才或争辩能力如何，而是取决于他的理论是否符合事实，取决于他能否运用事实证明自己的理论，能否用事实去说服对方并最后战胜对方。事实胜于雄辩，实践是检验真理的标准，这才是对待科学争论、参与科学争论的正确态度和做法。

（2）唯物论与唯心论的斗争

"盖天说"与"浑天说"之争虽然在杨雄与桓谭之间结束了，但是

"盖天说"并没有退出争论舞台。一些相信神鬼之徒，一些不注重实际观察，只凭头脑胡乱想像、杜撰的唯心论者，仍然支持"盖天说"，反对"浑天说"。更有甚者，当时的封建统治阶级利用手中的权力，恶毒攻击"浑天说"，维护"盖天说"。

例如，当时有一个名叫萧衍（464—549）的梁朝皇帝，史称梁武帝，他既信神仙又信鬼魅，整天想当和尚。他不仅相信"盖天说"，反对"浑天说"，还纠集一些"盖天说"支持者，聚集在皇宫长春殿里，恶毒地攻击"浑天说"，迫害那些相信、支持"浑天说"的人。他们掀起一股股反动浪潮，使得濒于消亡的"盖天说"死灰复燃，"浑天说"又陷入了困境。

也许有的少年朋友会问，这些人为什么相信"盖天说"，反对"浑天说"呢？"浑天说"不是已经被实践证明是对的吗？

少年朋友们要知道，当时，我国正处在古代的封建社会，统治阶级为了维护他们的政权，达到永久统治和压迫人民的目的，一方面利用他们手中的权力特别是他们掌握的军队，残酷镇压农民起义；另一方面，大肆宣扬反动谬论，以此欺骗、愚弄百姓，让百姓们相信他们的统治是天经地义的，从而甘心情愿地服从他们的统治和压迫。而"盖天说"正是一个迎合他们这种心愿的理论，所以，才备受统治阶级的欢迎与支持。

那么，"盖天说"究竟在哪些方面受到封建统治者和一些唯心论者的推崇呢？

通过前面的论述，我们已经了解到，"浑天说"主张天和地都是圆形的，在它们中间充满着气体。按照"浑天说"的思想，天和地都是相同的，根本没有什么上下、尊卑之分。因此，"浑天说"体现出天与地平等，人与人平等，天与地相包合，人与人相帮助的先进思想，这是历代劳动人民所盼望并一直努力争取的。所以说，"浑天说"不仅是在一定阶段和意义上符合宇宙状况的科学理论，而且更是一种符合人民心愿，顺应时代潮流的先进思想。

与"浑天说"相反，"盖天说"鼓吹的却是天圆地方，天在地上，天上有九重天，天上有天堂，是上等人（如神仙）居住的地方；地在天下，地有地狱，是下等人居住的地方。按照这种怪论，天地有等级、贵贱和高低之分，皇帝是天子，代表着上天的意志，统治阶级都是高贵的，而劳动人民却是低贱的；统治者死后可以上天堂，而劳动者死后却只能入地狱。劳动者生来只能处于被统治、被压迫的地位。

可见，"盖天说"中的上下之分，高低、贵贱的等级贫富之别，完全代表着封建统治者们以及信仰等级、尊卑的儒教徒们的心愿。所以，"盖天说"当然受到他们的欢迎，而"浑天说"自然受到他们的攻击。

这样，少年朋友们就会明白，封建统治阶级支持"盖天说"、反对"浑天说"完全是为了维护他们的封建统治，根本不是从科学的角度去开展争论的。由此可见，"盖天说"与"浑天说"之争，在这里已经完全超出了它们固有的天文学领域，完全超出了科学争论的范围，已经变成了一场政治斗争，变成了封建统治阶级与广大劳动人民之间的观念冲突，变成了反对科学，推崇等级、尊卑观念，忽视客观事实的唯心论者与信仰科学，主张民主、自由，注重实地观察的唯物论者之间的斗争。在阶级社会里，尤其是在封建社会里，科学争论往往受到政治斗争的影响，常常是与阶级斗争联系在一起的。

（3）"盖天说"与"浑天说"能折衷吗

当"盖天说"与"浑天说"两派发生争论之初，有人就想尽早结束这场争论。这种想法或者愿望当然是好的，也是许多人所希望的。然而，事实上，这些人不是以科学的态度，积极地分析上面两种假说，研究它们各自的优点和缺点，然后，通过实践来检验它们当中谁对谁错，而是企图通过运用折衷的办法，消极地将这两个本来就有本质区别的假说"合二为一"，机械地融合起来，以此来平息这场争论。

例如，在南北朝时期，学者崔灵恩就试图把"盖天说"与"浑天说"合二为一。他说："以往的儒家学者们在谈论天地形状的时候，有的支持'盖天说'，有的相信'浑天说'，相互争论，互相不和；然而，在我看来，'浑天说'与'盖天说'之间没有什么区别，它们是一回事，可以把它们合为一个假说。"

再比如，宋代大儒学家朱熹，表面上公开支持"浑天说"，但他又说，"浑天说"中的大地形状也是方形的，是方形大地与外面的圆形天相接合的。可见，朱熹支持"浑天说"是假，而把浑、盖两种假说折衷，合二为一才是真的。

此外，明代的学者王可大认为，"浑天说"与"盖天说"只是观察天地形状的角度不同而已，没有本质区别，两者在大方向上是一致的。还有的人胡说什么"浑天说"盛行，只是因为它浅显易懂，并不是因为它多么高明；"盖天说"衰落，只是因为它深奥复杂，人们不太容易理解它的含义，并不是因为它不对。

前面讲过，"盖天说"与"浑天说"有着本质区别，不能让"浑天说"依附于"盖天说"而放弃自己的思想，更不能把二者"合二为一"，混为一谈。无论是崔灵恩、朱熹，还是王可大，他们深受儒家"中庸之道"的影响，把"浑天说"与"盖天说"机械地融合起来。实际上，他们这样做，不是支持"浑天说"，而是在压制"浑天说"。这种对科学争论的态度是错误的。只有通过实践去检验，才能对"浑天说"与"盖天说"作出科学的评断，这才是对待科学争论的正确态度。

5. 去伪存真，验证"浑天说"

"盖天说"和"浑天说"究竟谁对谁错呢？为此，天文学家通过以下一系列观测实践，试图揭开地球的神秘面纱，对这两种学说进行科学的评判。

（1）实测子午线

什么是子午线呢？子午线就是为了测量地球而假设的南北方向的线。由于人们常把地球的南方称为"午"，而把地球的北方称为"子"，因此，可以把通过地球南北方向的线称为子午线。另外，人们还把通过地球南北方向的线称为经线（把通过地球东西方向的线称为纬线），这样，子午线又可称为经线。

实测子午线是由我国唐代著名天文学家僧一行等人领导实施的一项

伟大实践活动。

　　僧一行，俗名张遂，魏州昌乐（今河南省南乐县）人。他自幼刻苦学习，喜欢研究天文历法。20岁时，因不愿意同武则天执政时的朝廷奸党交往而出家为僧，此后仍然勤奋学习。公元712年，唐玄宗即位后，下诏求贤。僧一行应召到京都长安（今陕西省西安市）。以后，僧一行便组织编制新历法，创制观测仪器，进行天文观测，为我国古代天文学的发展作出了重大贡献。主持测量子午线，就是僧一行的科学成就之一。

主持测量子午线，就是僧一行的科学成就之一。

　　这次测量的范围很广，它以中原地区为中心，远到当时唐代疆域的南北两端。在测量过程中，他们把全部测量地区分为24个区、13个处，还沿着4000多千米的子午线，设立了9个观察站。他们采用统一的8尺圭表，分别测量了冬至和夏至日中时刻的日影长，利用他们创制的新式测量仪器"黄道游仪——复矩"，来测定各地的北极星和恒星的位置。

僧一行通过实地观测计算得出，每相差1纬度，地球南北距离相差131.11千米。如今把1纬度地球南北距离长称为子午线的长。上述数值与现代测定的子午线1纬度长111.2千米相比较，虽然有较大误差，然而毕竟是世界上第一次实测子午线的长度。它比阿拉伯人的测量工作提前了大约1个世纪，比法国人的测量要早8个世纪！僧一行开拓了人类通过实地观测来认识地球形状的途径，为以后人们对地球的科学观测奠定了良好基础。

有的少年朋友会问，僧一行主持的实地观测结果能够证明"浑天说"是正确的吗？能！因为从僧一行的测量结果可知，地球南北每相距131.11千米，地理纬度就相差1度。由此可知，大地表面不是平面而是曲面，并且，大地形状不可能是平面方形，而只能是曲面圆形。因为如果大地形状是平面方形，那么，通过大地上的任何一个地方（或一点）的南北距离长度应该是相近的，而不会有多大差异，也就不会有僧一行所得出的测量结果。可见，僧一行通过实地科学的测量，有力地否定了"盖天说"，验证了"浑天说"。

（2）实测日影差

除了僧一行通过测量子午线验证"浑天说"可以否定"盖天说"以外，南朝宋代（公元4世纪）著名天文学家何承天（370—447）还通过实际测量日影差来检验"盖天说"与"浑天说"。

人们也许注意到这样一种自然现象，在晴天中午（或下午），当把一根木杆竖立起来的时候，木杆在地面上就会留下一个影子。不仅木杆，在露天站立或行走着的每一个人都会在地面上留下一个相似的影子，其他诸如高楼等物体也会有它在地面上的投影。因此，夏天到来时，少年朋友经常要到高楼的阴暗处或树阴下避暑乘凉。我们把物体受太阳光照射而在地面上的投影叫做日影。古时候，人们没有钟表计算时间，就用日影长短变化来推测时间。当在晴天（白天）竖立的木杆没有投影时，说明太阳已经升到木杆的正上方，人们便知道这时已经是正午，该休息和吃午饭啦。

那么，如果在大地上相距很远的不同位置，同时竖立着两个或多个相同高度的木杆，它们各自在地面的投影长度（即日影）是不是相同呢？如果按照"盖天说"的观点，因为大地是平面方形，所以，在地面上的任何地方同时竖立相同高度木杆的投影长度自然也是相同的。用"盖天说"鼓吹者们的话说就是"黄畿千里，影差一寸"。意思是说，南北相隔"1千里"，影子的长度才相差"1寸"。

然而，天文学家何承天用事实驳斥了"盖天说"的上述谬论。他在交趾（今越南河内市附近）和林邑（今越南中部的顺化）两地同时实际测量了日影差。测量结果表明，每隔"1千里"的日影差不是"1寸"，而是"3.56寸"！这说明，大地不是平面，而是曲面。这在一定程度上证明了"浑天说"。然而，令人遗憾的是，何承天本人虽然在实践中证明了"浑天说"，发现了"盖天说"是错误的，但他却执迷不悟，仍然认为大地形状是平面方形，而不是曲面圆形，这只能说明他本人认识上的保守和顽固，并不能说明"浑天说"没有得到证实。

通过上面的讲述，我们可以看出，在如何对待和解决"盖天说"与"浑天说"之争这个问题上，桓谭、僧一行、何承天等人运用实践的方法去伪存真，这种态度和做法是正确的；而那种为了维护自己的反动统治，狂妄、粗暴地攻击与迫害"浑天说"及其支持者的想法和做法，则是大错特错，甚至是极端反动的。它不但阻碍了科学前进的步伐，解决不了科学争论问题，而且会起到反作用，危害极大。至于采取中庸、折衷的办法，企图将"浑盖合一"，以此平息科学争论，则是不认真、不负责的消极举动，对科学争论并没有好处。总之，只有认真学习争论双方的理论，经过冷静、客观的分析，然后进行科学实践，根据严正的实践结果评价双方理论的对错，最后达到去伪存真的目的，才是对待和解决科学争论唯一正确的态度和方法。

当然，"浑天说"虽然通过实践检验得到了初步证实，但是，由于

"浑天说"本身并非完美无缺，并非是绝对真理，因此，它在以后的科学实践中，得到了继续完善和发展。这就是说，科学探索是无止境的，检验科学的实践活动也是无止境的。

（六）中世纪宗教神学与"大地球形"说的斗争

西方中世纪时期（公元 5 世纪至公元 15 世纪）是一个由宗教神学统治的黑暗时期。在这一时期，宗教神学家们为了维护他们的反动统治，恶毒攻击大地球形说，鼓吹天圆地方说，残酷迫害那些支持大地球形说的科学家。

1. 恶毒诋毁"大地球形"说

大约在公元 4 世纪前后，一位名叫甫拉克丹西的基督教牧师在得知"大地球形"说之后，就坚决反对这种理论。他极端仇视地发问道，我们脚下的大地怎么会是球形的呢？这简直是疯子的看法！如果大地真的是球形的，那么，难道会有头朝下、脚朝上走路的人吗？难道会有从上向下生长的花草、树木和由下向上降落的雨和冰雹吗？这是不可思议的，大地球形说不可信！

与甫拉克丹西同时代的还有一位名叫德路摩多图斯的基督教哲学家，他也恶毒攻击"大地球形"说，还专门写了一本名叫《腐儒裴丹丘》的书。在书中，他把"大地球形"说诬为魔鬼，咒骂"大地球形"说。另外，还有一位名叫奥古斯汀的罗马思想家也反对"大地球形"说，他说，如果大地是球形的，那么，地上的人就会头朝下掉到天空中去了。

少年朋友们大都知道，地球具有吸引力，它能够吸引地球上的一切物体。因此，根本就不会有什么地上的人、花木等会掉到天空的现象。那些攻击"大地球形"说的人，他们连这些基本知识都不知道，就发出上面的疑问，还自以为这样就可以驳倒大地球形说了。这只能说明他们无知，不懂科学！

2. 鼓吹、宣扬"大地圆平"说

宗教神学势力不仅攻击"大地球形"说，禁止"大地球形"说理论的传播，而且还复活远古时代关于大地形状的神话传说，拚命鼓吹、宣扬"大地圆平"说理论，企图用这种陈腐理论来对抗大地球形说。

例如，公元6世纪，有一个名叫柯斯马斯的修道士认为，宇宙像一个长方形的箱子，它的圆顶和四周是天穹，它的底是大地，呈现平面形状。在天穹的上面有天国，上帝就住在天国里，大地是由上帝创造的。到了公元8世纪，有人把大地形状看成是马蹄形的。以后，又有诸如拉巴诺斯·摩路斯等人认为，大地是圆形平板形，位于宇宙的中央。还有许多人，比如卡佩拉、伊西多、利巴涅恩西斯和皮特勒斯·阿方萨斯等人，都把大地看成是圆盘形状甚至是鸟形。另外，还有人把大地看成是圆轮形。这些理论都是主观臆造的，完全不符合地球真实形状，都是为宗教神学服务的。

3. 残酷迫害"大地球形"说的支持者

宗教神学势力虽然竭力攻击"大地球形"说，鼓吹"大地圆平"说，但是，他们仍然阻止不了"大地球形"说的存在与发展。于是，封建教会便动用他们的特殊权力，对那些相信和支持"大地球形"说的人们进行残酷的迫害。这正如当时达苏斯主教狄奥多鲁斯所说的那样，古希腊"大地球形"说是无神论的，是异教邪说，它与宗教教义相冲突，谁要支持宣传这种理论，就要受到惩罚。

例如，公元13世纪，一位名叫罗杰尔·培根（1214—1294）的著名思想家和哲学家，十分相信和支持"大地球形"说。他说，大地是比太阴（指月亮）大、比太阳小的球形天体。不仅如此，他还认为，地球本身不发光，它一边自己旋转，一边围绕太阳转动。可见，培根的观点已经相当正确了，这就为以后研究地球科学的发展奠定了坚实的基础。正因为如此，他才遭到宗教教会势力的残酷迫害。他们多次向培根发出警告，责令培根放弃"大地球形"说，但都遭到培根的拒绝。于是，宗教教会恼羞成怒，将培根逮捕，并把他关进了监狱。培根在监狱里度过了长达 15 年的艰苦岁月，身心受到了极大伤害。

再比如，1327 年，一位名叫皮耶特洛·德阿斯科里的天文学家，他也相信并且宣传"大地球形"说，反对宗教神学。他的行为激怒了封建宗教势力，结果被他们活活烧死了。为了维护"大地球形"说，德阿斯科里同封建宗教神学进行了殊死的斗争，并为此献出了自己的宝贵生命。

（七）环球航行验证"大地球形"说

尽管中世纪西方宗教神学反动势力恶毒攻击甚至迫害"大地球形"说及其支持者和传播者，然而，乌云终究遮盖不住太阳的光辉，"大地球形"说并没有因此而消失或屈服。在渡过黑暗的中世纪以后，人类社会从封建社会进入到资本主义社会。这一时期，许多航海家、探险家多次率领船队以百折不挠的气概，寻找通往东方的航路。他们通过自己的航海实践，证明了"大地球形"说的正确性。

1. 坚信"大地球形"说，哥伦布等人发现新大陆

1492 年，意大利航海家哥伦布（1446—1506）深受"大地球形"说的影响，他认为，如果从欧洲的西海岸在大西洋上一直向西航行，同样可以到达印度和中国。因此，当他向世人宣布上述想法时，立即遭到那些相信"大地圆平"说的宗教信徒强烈反对。按照他们的观点，地球是一块圆板，圆板以外便是地狱般的无底深渊。因此，如果哥伦布从欧洲一直往西航行，必然要走到大地的尽头，肯定会坠入深渊，死无葬身之地。

然而，对"大地球形"说深信不疑的哥伦布并没有被上述宗教信徒们的恐吓所吓倒，没有因此而放弃他的航行计划。就在这一年的 8 月，在西班牙国王支持下，哥伦布率领一支由 1 艘大船、2 艘小艇和 80 人组成的远航探险队起程了。他们经过 70 天的艰苦航行，于 1492 年 10 月 12 日到达一块新大陆——拉丁美洲的巴哈马群岛和大安的列斯群岛。这一

地区其实是当时尚未被欧洲人知道的一块新大陆。然而，哥伦布并不知道他已经发现了一块新大陆，相反，他还误认为自己到达印度了，于是把这个地方命名为"印第安"。到此，哥伦布认为自己完成了既定的航行计划，到达了目的地，便于 1493 年 3 月返回西班牙。

哥伦布率领由 1 艘大船，2 艘小艇组成的远航探险队。

以后，另一位名叫卡博特的航海家（他与哥伦布是同乡）和他的儿子一道于 1497 年到达了上述地方；1500 年，一位名叫卡布拉尔的航海家率领船队亦来到了此地。他们也与哥伦布一样，把当地误认为是东方印度。

一直到 1504 年，一位名叫阿美利哥·昧斯普奇（1451—1512）的意大利商人，来到此地以后，经过仔细考察才首次发现这是一块新大陆，而不是印度。他依照自己的姓名，把此地命名为"阿美利加"洲。

1513年9月，一位名叫巴尔波亚的西班牙人率领船队来到这块新大陆以后，并没有终止航程，而是继续前进。当他们越过"巴拿马海岬"（海岬是指夹在两片海洋之间的小块陆地）以后，展现在他们面前的，便是一片他们从未知道的浩瀚大海。他们把它命名为"大南海"（就是今天的太平洋）。既然他们经过大西洋以后发现还有一块新大陆，那么，如果越过眼前的"大南海"，必然还会有另外一块更加富饶美丽的新大陆。印度就在对岸，希望就在前方！

航海远行的胜利以及新大陆和新海洋的不断发现，大大开阔了人们的视野，更加坚定了航海家们对"大地球形"说的信仰，也充分说明了宗教神学势力鼓吹"大地圆平"说的失败。"大地球形"说指导并鼓舞着航海家们从事伟大的航海实践，最终获得成功，而成功的实践成果又反过来证明了"大地球形"说的正确性。科学理论指导科学实践，科学实践又对科学理论起到证实和推动作用；相反，如果以错误理论指导实践，实践将对它起到证伪和否定作用。从上述哥伦布等航海家运用"大地球形"说理论指导他们进行航海实践的过程和结果中，少年朋友们应当深刻体会并理解这一点。

2. 验证"大地球形"说，麦哲伦等人环球大航行

哥伦布等航海家只是在"大地球形"说理论的指导下进行远航探险，而没有环绕地球航行一周来完全证实"大地球形"说理论。真正做到这一点，人类首次完成环球航行的，则是一位杰出的葡萄牙航海家，他的名字叫麦哲伦（约1480—1521）。

麦哲伦幼年在宫廷里生活，16岁时，他被吸收到国家航海事务厅工作，开始熟悉各种航海事务。20多岁时，他就多次远航探险，积累了许多远航技术和经验。当他得知哥伦布等航海家远航成功，并且发现了新大陆和"大南海"时，便激动不已，更加坚信"大地球形"说理论。他大胆地预言：如果沿着哥伦布等航海家们的航路不断地航行下去，不仅可以到达印度和中国，而且还能沿着新的航路返回到原来的出发地。即

是说，可以绕地球环行一圈。于是，麦哲伦凭借着对"大地球形"说理论坚定不移的信仰和大无畏的冒险精神，在一些好友和天文学家的帮助下，制订了一项伟大的环球航海计划。他曾分别将这个计划呈送葡萄牙国王和西班牙国王，最后，得到了西班牙国王的支持和批准。

1519 年 9 月 20 日，麦哲伦率领由 5 艘大船和 265 名海员组成的船队启程远航了。他们沿着哥伦布的航线顺利到达了美洲大陆。以后，他们冲破重重困难，终于找到了一条连接大西洋和"大南海"的航路——"麦哲伦海峡"（因为是麦哲伦等人发现的，后人便用麦哲伦的名字命名它），从而使船队顺利进入了"大南海"。由于"大南海"风平浪静，航行很顺利，因此，麦哲伦等人把"大南海"改名为太平洋。他们克服了由于漫长航程带来的饥饿、干渴和疾病的折磨，于 1521 年 3 月，终于到达东方新大陆——菲律宾群岛中的马索华岛，完成了哥伦布的未竟事业。

不幸的是，麦哲伦在菲律宾群岛上被当地的菲律宾人枪杀了。以后，船队在航海家埃里·卡诺的率领下继续前进。他们经过印度，绕过非洲，几经波折，克服重重磨难，终于在 1522 年 9 月 6 日回到了西班牙海岸，从而完成了人类第一次环球航行的伟大壮举。

3. 环球航海，结束争论

通过上面的叙述，我们知道了，在这些航海实践中，最重要最伟大的航海实践，就是哥伦布和麦哲伦这两位航海家从事的两次航海实践。这两次航海实践与"大地球形"说理论又有着各自不同的联系。哥伦布制订的航海计划以及他的航海实践，始终是以"大地球形"说理论为指导的。这正如科学史学家劳厄在他的《物理学史》一书中所说的那样："这位英雄（指哥伦布）不仅知道……大地是球形这一点，而且他是第一个对这种思想有如此坚定的信念，以致把这作为整个事业的基础"。"大地球形"说指导他作出这样大胆的富有冒险精神的航海举动，鼓励他冲破宗教势力的重重阻挠，勇敢前进。如果哥伦布到达美洲大陆时，知道此地是一块新大陆，而不是东方印度，那么，依照他对"大地球形"说的坚定信仰，完全可能继续向前（即一直向西）航行，一直到达东方印度，而绝不会中途返航，半途而废的（当然，哥伦布发现美洲新大陆本身就是一个伟大成就，所谓半途而废仅是就他到达东方印度这个目的而言）。这就是说，哥伦布的航海实践充分表明了"大地球形"说的指导作用，反过来也证实了"大地球形"说的正确性。

与哥伦布航海实践稍有不同的是，麦哲伦等人不仅坚信"大地球形"说，始终以它为指导，更重要的是，他们凭借着自己的顽强毅力和冒险精神，通过自己的成功实践及伟大成果（人类第一次完成环球航行），用铁的事实，充分验证了"大地球形"说理论的正确性。

总之，哥伦布、麦哲伦等人的航海实践和地理重大发现，验证了"大地球形"说的正确性，彻底粉碎了"大地圆平"说的宗教迷信谬论和偏见，也以"大地球形"说的伟大胜利，结束了持续近千年的"地方"说和"地圆"说之间的漫长争论，为研究地球科学的发展迎来了一个阳光明媚的春天。

（八）"地扁圆球"说与"地长圆球"说之争

自从哥伦布、麦哲伦通过航海实践证实了"大地球形"说以后，科学家们对地球的形状展开了进一步研究。英国物理学家牛顿和荷兰科学家惠更斯提出了"地扁圆球"说，主张地球是扁圆形的；而法国巴黎天文台台长卡西尼（1635—1712）等人则提出了"地长圆球"说，主张地球是长圆形的。于是，双方展开了长期激烈的争论。

1. "地扁圆球"说的创立

"地扁圆球"说是由牛顿和惠更斯两位科学家几乎在同一时间里各自独立创立的。其中，牛顿所起的作用相对来说更突出一些。

少年朋友们在地理课本中可能已经知道，地球既能围绕太阳进行旋转（叫做"公转"，公转1周即为1年），同时又能自己旋转（叫做"自转"，自转1周即为1昼夜）。

惠更斯提出"地扁圆球"说，与卡西尼等人提出的"地长圆球"说展开了长期激烈的争论。

地球在公转和自转过程中，它的组成物质（如碳、镁、铁等）以及其他宏观物体（如各种高楼、汽车等）都要同时受到地球的吸引力（即万有引力）和离心力的作用。当吸引力与离心力相等时，地球上面的物质既不会脱离地球，也不会被吸引到地球里面去，能够随地球一起旋转。

牛顿在研究万有引力时发现，地球在旋转过程中，组成它的物质不仅受到吸引力（向心力），而且还受到排斥力（离心力），向心力和离心力的大小在地球上的不同位置是不同的。牛顿经过研究发现，在地球的赤道部

克里斯蒂安·惠更斯

分（赤道是指环绕地球表面距离南北两极相等的圆周线，它把地球分成南北两个半球），离心力大于向心力，而在地球的两极（指南极和北极），向心力大于离心力。这样，组成地球的物质在地球上的分布是不均匀的，在两极处的物质就受到压力，而在赤道处的物质就得到扩展。其结果是，地球的赤道部分物质就稍向外扩展或膨胀，而两极处的物质则受到压缩向内收缩，最终使整个地球的形状发生变化，由原来的正圆球形转变成扁圆球形。

在上述理论基础上，牛顿还认为，地球上的重力值并不是一个恒定的数值，它随着地区的不同而发生变化。在赤道部分的重力值较小，而在两极处的重力值较大。另外，牛顿通过观察土星、木星得知，这些行星都呈现出赤道部分凸起、两极扁缩的形状。由此，他推测地球也呈现这种形状。

当牛顿运用万有引力定律研究地球形状的同时，荷兰科学家惠更斯通过自己的独立研究，也认为地球的形状是扁圆球形，而不是正圆球形。

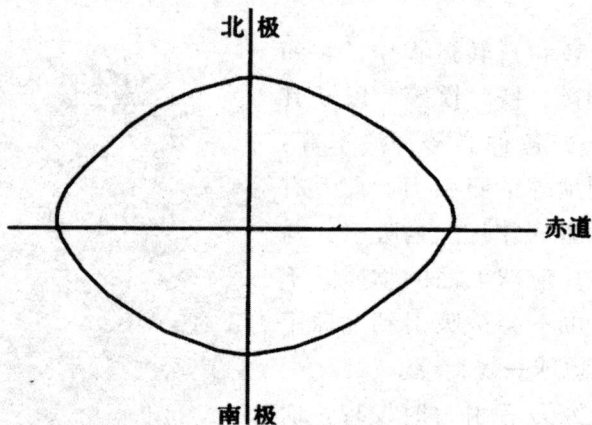

扁（椭）圆形地球平面示意图

这样，牛顿与惠更斯同时提出了地球是两极扁缩、赤道膨胀的形状的假说，创立了"地扁圆球"说。

2."地长圆球"说的由来

让·D. 卡西尼

"地长圆球"说是由法国天文台台长卡西尼家族提出来的。

在这个家族中，有 4 代人从事关于地球形状的研究工作。第一代人是卡西尼（1635—1712），他原是意大利人，1668 年被法国路易 14 世国王聘为巴黎天文台第一任台长。他认为地球是静止不动的，是整个宇宙的中心（这种认识显然是错误的），而不承认地球是运动的，不承认地球围绕太阳转动。在上述错误认识的影响下，卡西尼先后和他的儿子实地测量了从巴黎天文台到法国南部佩皮尼扬之间的子午线的长度（他们还把这一段称为南段）。测量结果为：这段子午线 1 度之长为 57097 "督亚士"（"督亚士"是古代法国的长度衡量单位，1 "督亚士"相当于 1.9490 米），约为 111282.050 米。以后，卡西尼的儿子独自实地测量了从巴黎天文台到法国北部敦刻尔克之间的子午线长度（他们把这一段称为北段）。测量结果得到这段子午线 1 度之长为 56960 "督亚士"，约为 111015.04 米。然后，他们又测得从敦刻尔克到佩皮尼扬之间的距离是 486156.5 "督亚士"，约为 947519.01 米，这两个地区的纬度差是 8°31′12.5″。由此他们便得出子午线 1 度之长度为 57061 "督亚士"，约为 111211.88 米。

测量完毕，卡西尼父子又把南段与北段这两段的子午线 1 度之长作了比较。结果他们发现，南段的子午线 1 度长要比北段长 137 "督亚士"，约为 267.013 米，如果考虑到他们在实际测量时所产生的角度误差（约为 10″），那么，就可以测出南段要比北段长 160 "督亚士"，约为 311.84 米。

上述现象说明了什么问题呢？卡西尼认为，这说明，地球的南北两极要比地球赤道长。就是说，地球的南北两极向外凸出，而赤道处则向

内收缩。这样，卡西尼认为，地球不是
像牛顿等人所说的那样是一个两极内
缩、赤道外凸的扁圆球，而是一个两极
外凸、赤道内缩的长圆球，从而提出
"地长圆球"说，如图所示。

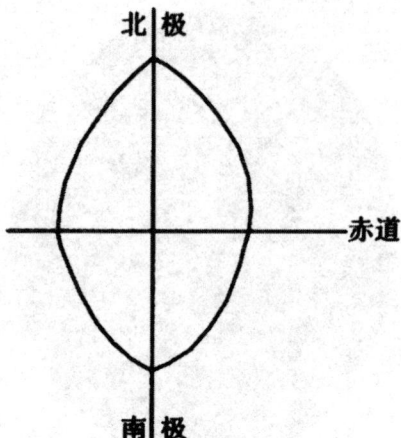

长圆形地球平面示意图

　　卡西尼等人不盲目相信宗教神学的
观点，通过自己的实地观测来认识地球
的形状，这种精神固然是值得称道的；
但是，他不相信牛顿提出的万有引力理
论，却坚持地球是静止的、是宇宙的中
心这个错误的"地心"说理论，并用它
来指导自己的观测实践，这无疑会产生不良的后果。另外，卡西尼仅在
法国巴黎周围选择两个地点测量子午线，这相对于整个地球来说，他们
的测量范围实在太狭窄了。可想而知，在如此狭小的范围进行观测，所
得出的"地长圆球"说难免是不科学的。

　　然而，卡西尼等人却坚信自己的观点，反对牛顿等人的"地扁圆球"
说。由于卡西尼家族连续4代担任法国天文台台长，他们的"地长圆球"
说在当时确实产生了很大影响。

　　3."地扁圆球"说与"地长圆球"说之争

　　自从"地扁圆球"说与"地长圆球"说产生以后，围绕着地球的形
状问题，在英国和法国形成了以牛顿等人为首的一方和以卡西尼家族为
首的另一方这两个尖锐对立的派别。正如著名的法国哲学家伏尔泰所说
的那样，地球的形状，"在伦敦（英国首都）认为是个橘子（这是扁圆球
形的形象比喻），而在巴黎（法国首都）却把它想像成一个西瓜（这是长
圆球形的形象比喻）"。观点不同，派别对立，自然产生了激烈争论。这
场争论是从17世纪末期开始的，到了18世纪30年代，争论开始激化了，
由原来在以牛顿为代表的英国学者与以卡西尼家族为代表的法国学者之
间展开的国际间争论，转移到了法国国内。

在法国巴黎科学院中，学者们分别受到牛顿等人"地扁圆球"说和卡西尼等人"地长圆球"说的影响，各自分成了两派：一派以天文学家雅克·卡西尼（卡西尼的儿子）和马拉里吉为首，仍然坚持卡西尼的"地长圆球"说，反对牛顿等人的"地扁圆球"说；另一派则以地球科学家莫佩屠里（1698—1759）等人为代表，他们相信牛顿的"地扁圆球"说，反对卡西尼的"地长圆球"说。当时法国著名哲学家、百科全书派的学者狄德罗（1713—1784）也加入了这一学派，信仰"地扁圆球"说。

上述两派相互对垒，势均力敌，双方争论得很激烈。"地扁圆球"说虽然具有科学的理论基础——万有引力定律，又是当时著名的物理学家牛顿等人创立的，还有著名哲学家狄德罗支持，本来应当具有充分的说服力和相当的实力，有望在争论中获胜。然而，由于"地长圆球"说是由当时法国国立天文台台长卡西尼等人提出的，他们依靠自己的垄断地位，在法国科学院获得权威地位，影响也很大。因此，虽然他们的理论本身缺乏充分的科学依据和说服力，存在着许多缺陷，但由于卡西尼等人的顽固坚持，使得这场争论的双方相持不下，大有愈演愈烈的趋势。

4. 再测子午线，证实"地扁圆球"说

为了解决法国科学院内部日趋激烈的科学争论，法国国王命令法国科学院派出两个科学远征队再一次实地测量子午线长度，以便结束这场争论。这两支远征队分别是拉普兰远征队和秘鲁远征队。

拉普兰远征队在大地测量学家莫佩里的率领下，于1735年出发前往位于北极圈附近名叫拉普兰的地区（即芬兰与瑞典北部地区），其纬度是北纬66度。通过实地测量，得知这个地区的子午线1度之长为57422"督亚士"，约为111915米。如果把这个地区的子午线1度的长度值与前文所说的卡西尼在巴黎附近所测量的子午线1度的长度值加以比较可知，拉普兰地区的子午线1度长要比巴黎附近的子午线1度长度值要大。1737年，拉普兰远征队完成测量任务后回国。

秘鲁远征队比拉普兰远征队早1年（即1734年）出发，远涉重洋，前往南美洲的秘鲁地区（这个地区在地球上位于北纬2度）和厄瓜多尔地区进行测量。结果获得这一地区的子午线 1 度的长度值为 56748 "督亚士"，约为 110601 米。在测量过程中，他们克服了重重困难，最终于 1739 年（比拉普兰远征队晚 2 年）完成测量任务。直到 1744 年，远征队才返回法国巴黎。

如果将上述两支科学远征队在各自地区所测量的子午线 1 度之长度值与前文所说的卡西尼在巴黎附近所测量的子午线 1 度之长度值加以比较，便会发现，在这 3 条子午线当中，位于北极圈的拉普兰地区子午线 1 度的长度值较大，其次是巴黎地区，而秘鲁和厄瓜多尔地区的子午线长度值较小。

科学研究表明，地球上某一地区子午线 1 度之长与这一地区所在的地球横截面的直径长度成反比。这就是说，在地球上，如果某一地区的子午线 1 度之长越大，那么，这一地区所在的地球横截面的直径反而越短。这里所说的地球横截面，就是把地球横向切截后所留下的圆平面，就像用刀横着在苹果中央处切开后所留下的圆平面一样。

从上述 3 个地区子午线长度值实测结果可知，拉普兰地区子午线长度较大，这说明这一地区所在的地球横截面直径较短；而秘鲁和厄瓜多尔地区子午线长度较小，说明这一地区所在的地球横截面直径较长。拉普兰地区靠近两极处（北极处），秘鲁和厄瓜多尔地区则靠近赤道处。这又说明，地球两极处横截面（也称为两极圈，如南极圈和北极圈）直径最短，而赤道处地球横截面（也称赤道圈）直径最长。这就是说，地球两极内缩而赤道外凸，地球是一个扁圆球体或椭圆球体，从而证实了牛顿等人所创立的"地扁圆球"说。

这次测量子午线规模宏大，范围很广（从北极到赤道），参加测量的人员大都是科学家，他们都具有较高的科学素质，所运用的设备也很先进，测量结果也很准确。这些都是卡西尼等人所无法比拟的。这次测量堪称 18 世纪科学史上的一个伟大壮举，充分证实了牛顿等人的"地扁圆球"说，自然也就否定了卡西尼等人的"地长圆球"说。卡西尼的曾孙雅克·多米尼克·卡西尼，在对地球子午线长度进行精确测量以后，在上述科学远征队测量结果面前，只好宣布放弃"地长圆球"说，承认"地扁圆球"说，从而使得这场争论以"地扁圆球"说获胜而告终。

（九）争论并未终止，探索仍在继续

读到这里，有的少年朋友会认为，关于地球形状的争论到此该结束了吧？以后再不会产生争论了吧？

事实并非如此。随着科学的进步和时代的发展，人们对地球形状的认识不断深入，又产生了下列新的科学理论和新的学术争论。争论并未终止，探索仍在继续。

1. 扁圆形地球究竟有多扁

牛顿等人创立的"地扁圆球"说虽然获得了初步验证，得到了人们的普遍承认，然而，随着人们对地球认识的不断深入，发现"地扁圆球"说仍需要不断完善与发展。

例如，一位名叫德兰布尔（1749—1822）的法国天文学家从 1790 年开始，用了 10 年时间，组织测定了从法国敦刻尔克到西班牙巴塞罗那两地之间的子午线长度。他们测量得知地球的赤道半径是 6375738 米，而两极处的半径是 6356631 米。前者是地球最长的半径，后者是地球最短的半径，它们之间的差值是：

6375738－6356631＝19107 米

这就是说，地球赤道处半径比两极处半径要长 19107 米。

那么，扁圆形地球与正圆形地球到底有何区别呢？也就是说，扁圆形地球到底有多扁呢？我们采用"扁率"来表示扁的程度大小，它的值可以用下列公式计算：

$$扁率＝\frac{赤道半径－两极半径}{赤道半径}$$

上式中的各项值在前文中已经知道了，所以把这些数值代入这个公式，就可得出扁率数值。

$$扁率 = \frac{6375738 - 6356631}{6375738}$$

$$= 19107/6375738 \approx 0.003$$

从扁率的数值大小，我们会发现，地球的形状虽然是扁圆形，但是，它与正圆形区别并不很大。就是说，扁圆形地球的扁率值是很小的。

2. 地球果真就是扁圆形的吗

读过地理书，或者看过介绍地球形状电视节目的少年朋友大都知道，地球表面并不是像苹果、橘子那样光滑的，而是十分复杂的。地球表面有 70.8% 的海洋和 29.2% 的陆地。在海洋表面，既有汹涌起伏的波浪，又有成年累月的潮涨潮落；在海洋底部，既有高耸隆起的海台和海脊，也有万丈深渊的海沟和海渊；在陆地上，既有一望无际的平原大地，又有起伏不平的丘陵和高山深谷。可想而知，这样复杂的地球也不可能是纯正的扁圆形。有人说，地球的形状既不是正圆形，也不是扁圆形。那么，地球究竟是什么形状的呢？科学家们经过不断研究与探索，提出了许多新的科学假说。

3. 地球形状新假说

(1) "大地水准体"假说

由于地球表面是非常复杂的，科学家便考虑在地球上确定一个标准面，以此来描述地球的基本形状，这个标准面就是"水准面"。

水准面最早由德国科学家高斯提出，直到 1873 年，才由德国物理学家李斯丁正式列为提案。李斯丁认为，水准面是指不受潮汐、气压变化和波涛等因素影响的，并与重力水准面相重合的平静开阔的海水平面。为什么他把海平面当作地球水准面呢？这是因为地球表面的绝大部分是海洋，它占地球总面积的 70% 以上，所以采用海平面可以概括整个地球表面的形态。

那么，什么是"大地水准体"呢？它是由大地水准面包围的地球体。大地水准体的形状如下图所示。

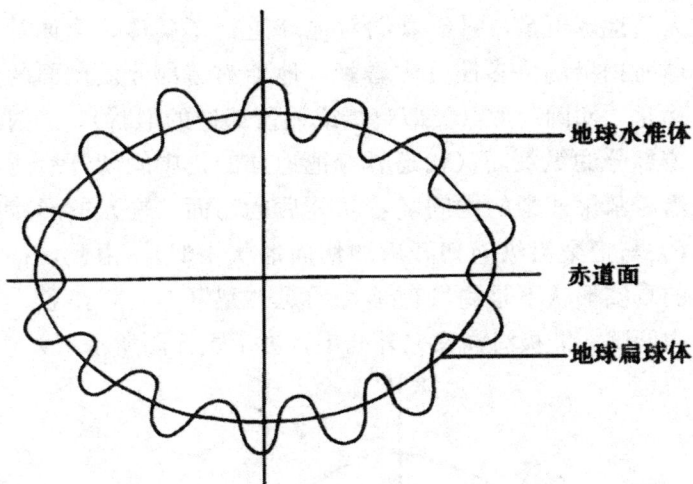

大地水准体与地球椭球体形状比较示意图

从图中可知，大地水准体表面比地球扁球体表面状态复杂，它比较准确地表示出地球的形状，标志着人们加深了对地球形状的认识。

（2）"地球四面体"假说

这个假说是由英国数学家格林提出来的。他认为，当地球表面温度非常低时，它的最外层将会变成一个固体壳，并且，它不容易改变原有的形状。这时，地球的形状就是一个"四面体"形。那么，"四面体"形状是什么样子的呢？打个比方来说吧，我们在拍橡皮球的时候，如果球漏气，那么，你就会发现，这时的橡皮球由圆变瘪了，在球的表面上会出现一些低凹处，还会出现棱边。这时候，橡皮球的形状就类似于四面体，也可能是六面体、八面体等多面体。也就是说，地球四面体与漏气的橡皮球相似。

（3）"地球梨形"假说

20世纪是科学技术飞速发展的世纪，伴随着人造地球卫星的发射成功，人们对地球形状的认识由原来只能在地球上进行局部观测发展到能够脱离地球进行整体全方位研究，从而进一步加深了对地球形状的认识。

通过人造地球卫星，科学家们对地球进行了整体、全面的观察。他们从对地球所拍摄的许多照片中看到，地球赤道部分横截面的形状不是正圆形，而是"卵圆"形（类似鸡蛋或鸭蛋那样的形状）。通过地球南北两极和赤道部分的纵剖面（就是竖着把地球的正中间切开后所留下的切面，就像沿着苹果或梨的中间竖着切开后的切面一样）的形状则是一个"梨"形（它与把梨沿纵向切开后的切面形状相似）。由此，科学家们认为，地球的真实形状不是扁圆球形，而是"梨"形。就是说，地球的南极大陆向内凹陷，北极海洋又向外凸出（如下页插图所示）。

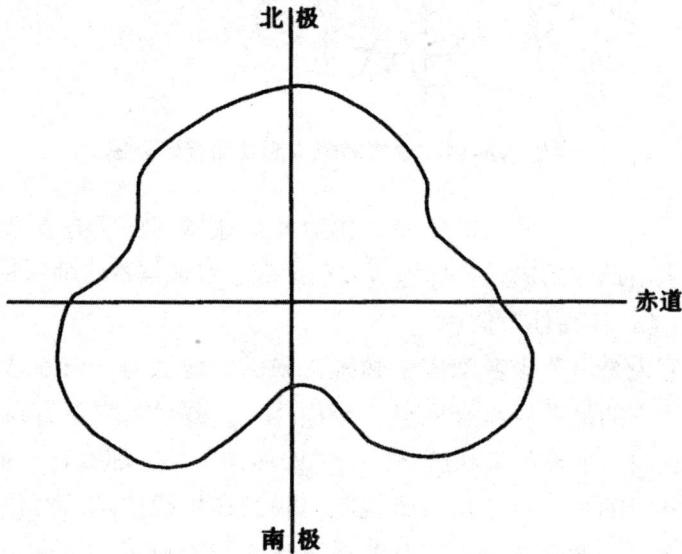

"梨"形地球示意图（纵剖面）

此后，科学家们从海上观测地球的形状，推断地球的形状虽然也是"梨"形，但与上述情况正好相反。就是说，他们认为地球的形状是"倒梨"形：南极大陆不是向内凹陷而是向外凸出，北极海洋不是向外凸出而是向内凹陷。

少年朋友们会问，地球的真实形状究竟是"正梨"形还是"倒梨"形呢？围绕这个新问题又在科学家们中间展开了一场新的争论。须知科学研究与发展是无止境的，科学争论也是无止境的，只有认真对待在科学研究中存在的各种问题，认真对待并参与科学争论，才能最终揭示科学真理。

六、地球表面岩石是怎样形成的

——"水成论"与"火成论"之争

喜爱登山的少年朋友大都看见过岩石。这些岩石或者层层叠叠地排列着，或者顶天立地地站立着，千姿百态，颜色各异，曾经引起许多人的无穷联想，也留下过许多文人墨客的美好诗句。

然而，这些人只是凭借着自己的感情和想像力对岩面的外观加以种种描述，却不知道它们形成的真正原因。文学上的观察与描写和科学上的考察与探索毕竟不是一回事！

那么，地球表面上的岩石究竟是怎样形成的呢？许多地质学家和探险家历经多次探险、考察，形成了以德国地质学家魏尔纳（1750—1817）为代表的"水成论"和以英国地质学家赫屯（1726—1797）为代表的"火成论"两种对立的学说。前者认为，岩石是由水中物质沉积而形成的；后者认为，岩石是由被火烧灼而成高温的物质冷却以后形成的。不同的学说形成了不同的学派。于是，学说的创立者和支持者们各抒己见，据理力争，展开了一场激烈的争论。

（一）争论的历史渊源

早在"水成论"与"火成论"形成以前，人们就认识到水和火的巨大作用了，他们也曾经因此展开过争论。

1. 古代先哲对水与火的认识

在古代，世界各国的先人各自阐述了水与火在物质产生和形成中所起到的重要作用。

在我国，古代的先哲们运用他们的智慧创立了"五行说"。他们认为，世界上的万事万物都是由金、木、水、火、土这5种元素（即所谓"五行"）相互结合形成的。"先王以土与金、木、水、火杂以成百物"，意思是说，先王用土与金、木、水、火相混合，制成众多物质。可见，在上述5种元素中，就有水和火。

在印度，人们围绕着物质起源问题产生了两个不同的学派。一个学派认为，世界万物最先起源于同一种原始物质，然后，再由它产生地、水、火、风、空这5种元素，后来，这5种元素便形成了宇宙万物；另一个学派则认为，世界万物一开始就是由地、水、风、火（没有"空"）这4种元素组成的。对此，他们还展开过激烈的争论。然而，不管是哪一种学派，他们都认识到了水和火的重要性。

古埃及人认为，地球是由水支撑起来，世界万物是从水中创造出来的。他们肯定了水的重要性。

在希腊，著名哲学家泰勒斯（公元前624—公元前547）认为，世界万物是由水组成的，水是万物之源。哲学家赫拉克利特（公元前536—公元前470）不同意泰勒斯的观点。他认为，世界万物是由火形成的，火是万物之源。他们还对此展开了争论。以后，著名哲学家恩培多克勒（公元前490—公元前430）、柏拉图（公元前427—公元前347）和亚里士多德（公元前384—公元前323）等人继承并综合了前人的观点，他们认为，水、气、火、土这4种元素形成了世界万物。可见，他们也承认水、火是重要的。

上述可见，古人虽然没有直接、准确地阐述水、火对岩石的形成所起的作用，但从他们的上述观点里，也可以间接地体会出他们对水、火重要性的认识，从而为"水成论"和"火成论"假说的形成奠定了理论基础。科学大都是在继承的基础上发展起来的。我们可以从古人的上述过程中看到，关于水和火的认识，自古就产生过分歧和争论。

2. 近代早期形成的水成论——"洪积论"

早在魏尔纳创立"水成论"以前，就有许多地质学家提出了关于"水成论"的观点。

英国地质学家伍德沃德（1665—1728）在他的《地球自然史》中指出，地球早先被洪水淹没，水和地球上的万物相混合以后，变成了沉积物，这些沉积物按照重在下、轻在上的顺序依次沉淀下来，形成了岩石。因此，伍德沃德认为岩石是由水形成的。

丹麦地质学家斯特诺（1638—1686）也认为，地层是由受洪水侵蚀、沉淀的物质形成的，这些物质沉积在地球的表面后，形成了沉积物。以后，这些沉积物就慢慢形成了岩石。

德国科学家莱布尼茨不仅在数学研究方面取得了成果（发明了微积分），而且在研究岩石的形成方面也有自己的独特观点。他认为，造成地球表面岩石形成的原因有两种：一种是地球内部的气体爆发（如火山喷发），一种是地球表面的洪水泛滥。他进一步说，第一种原因作用的结果形成了火成岩，第二种原因作用的结果产生了沉积岩。可见，莱布尼茨对岩石形成的原因已经进行比较全面、正确的阐述，然而，他的观点并没有引起人们的重视。

相反，前面所说的伍德沃德、斯特诺等人的观点却很受当时人们的承认和支持。由于他们都认为地面岩石是由地球发生洪水泛滥而形成的，因此，人们又把他们的观点称为"洪积论"，意思是岩石由洪水沉积物质形成的。

伍德沃德提出了"洪积论"以后，意大利科学家莫诺（1687—1764）等人提出了"火成论"。他们反对伍德沃德等人的观点，认为岩层主要是由一系列火山爆发的熔岩流形成的，而不都是因洪水沉积物形成的。于是，双方展开了激烈的争论。

后来，法国地质学家格塔尔（1715—1786）、德马雷（1725—1815）经过亲自考察以后，认为在岩石形成早期，火的作用很大，以后水的作用很大，从而把上述双方观点结合起来。然而，这场争论并未平息，又在魏尔纳与赫屯之间展开了。

（二）魏尔纳与赫屯的生平及业绩

1. 魏尔纳的生平及业绩

1750 年，魏尔纳出生在德国。他的父亲是一位矿物学专家。魏尔纳从小就深受父亲的影响，对各种矿物质产生了强烈的好奇心。他经常观赏父亲采集来的颜色各异、奇形怪状的矿物（其中就含有许多岩石标本），向父亲问这问那：这些东西为什么有不同的颜色，它们是从哪里来的呀？

父亲很欣赏魏尔纳的好奇心，就一边回答他的问题，一边对他说："你要好好学习，长大以后跟我一起去探索大自然，那里有好多秘密呢！"

父亲的话大大激发了小魏尔纳对矿物的浓厚兴趣。从此以后，他一边学习文化知识，一边广泛阅读各类有关矿物学方面的书籍，从而为他以后从事矿物学研究打下了坚实的基础。

1769 年，魏尔纳以优异的成绩考入弗莱堡矿业学院，专门学习采矿和冶炼知识。后来，他进入来比锡大学学习。接着，他来到莱普兹格大学学习。

魏尔纳虽然到过许多大学，但他一直刻苦学习，从不虚度时光，因为在他看来，浪费时光，就好比浪费自己的生命。

1774 年，魏尔纳在学校学习期间，就出版了矿物学著作《矿物和外部特征》。在这部书中，魏尔纳第一次发明了研究矿物外部特征的分类法。例如，他把岩石划分成花岗岩、石英板岩、沉积岩、次生岩等 4 大类，从而为全面、科学地研究矿物创造了条件。

勤劳的汗水换来了丰收的喜悦。1775 年，魏尔纳以他丰硕的科研成果，当上了弗莱堡矿业学院的教授，终于成为一位矿物学家和教育学家。

火成炭

深成炭体　　花岗岩　　变质岩　　玄武岩

　　魏尔纳把岩石划分成花岗岩、石英板岩、沉积岩、次生岩等 4 大类，从而为全面、科学地研究矿物创造了条件。

　　在教学过程中，魏尔纳以他丰富的知识、刚毅的性格、严谨治学的精神吸引了众多学生前来听讲，就连其他国家的学生也都前来跟他学习。这样，魏尔纳先后培养了一大批矿物专业的研究人才。例如，德国著名的地理学家洪堡（1769—1859）、德国地质学家布赫（1774—1852）等人都是魏尔纳的学生。

　　魏尔纳在青年人中享有很高声望，这是因为，他善于把自己的学术观点传授给他的学生们，从而形成了以他为中心的地质学派。

　　2. 赫屯的生平及业绩

　　赫屯是英国的一位地质学家。1726 年，他出生在英国。赫屯与魏尔纳虽然都从事矿物学的研究，但是，他们的经历却是很不相同的。

　　魏尔纳自始至终一直从事矿物学的学习、研究和教学工作，可以说是一位地地道道的矿物学、地质学方面的专家。然而，赫屯却是一位兴趣广泛、知识广博的学者。

　　赫屯先是学习化学和药物学知识，以后，他又学习过医学和法学方面的知识。因此，他既懂自然科学，又懂社会科学。

赫屯虽然受过医学训练，但是，他从未行医看病；相反，他却参加农业和工业方面的生产劳动。例如，他在诺福克郡参加农业生产劳动时，学习并掌握了新的生产技术和方法。他把学习到的方法应用到自己的农田生产上，取得了很好的效果。

由于赫屯既懂农业，又懂工业，他在从事农业生产的同时，独自开办了一个专门生产制造铵盐（如化肥等）的工厂，也取得了很好的效果，获得了丰厚的经济收入。

赫屯是一个勤奋、具有进取心的人。当他有了钱财以后，没有去追求生活上的高级享受，而是把金钱用于科学技术的研究。这与那些过于贪图享乐、不思进取的碌碌无为之辈，形成了鲜明的对照。

令人感兴趣的是，赫屯没有去研究他所学过的化学、医学或法学，而是对地球科学有了兴趣，转而从事他从来没有涉及过的地质学研究。可见，赫屯是一个富有开拓精神的人。

那么，有的少年朋友可能要问，赫屯没有学习过地质学，他又怎样开展研究呢？他为什么不专攻自己熟悉的学科，却偏偏研究自己从未接触过的学科呢？

一切知识都是学来的，所有的路都是人走出来的。赫屯凭借着自己对地质学的浓厚兴趣，开始了自学成才的漫漫征途。这时，赫屯已经到了晚年，他在自学的道路上经历的辛苦和表现出来的毅力是可想而知的。

功夫不负有心人。赫屯的辛劳终于获得了回报。1785 年，他参加了在爱丁堡举行的皇家学会，并在会上宣读了自己的学术论文，阐述了地质学理论。

接着，他又乘胜前进，历经 10 年的刻苦研究，终于撰写出版了地质学著作《地质学理论》，全面系统地阐述了他的地质学理论，其中，就包括他创立的"火成论"学说。

从赫屯的生平及其业绩中，少年朋友们应当学习他所具有的生命不息、追求不止的精神。

　　然而，由于赫屯长期以来一直是自学成才，默默无闻地研究着，他本人也没有像魏尔纳那样出色的演讲能力和较高声望，因此，他虽然出版了地质学专著，但直到1797年去世为止，他的理论也没有在当时的地质学界产生重大影响。默默地独立研究是可贵的，然而，善于表达自己的理论，让更多的人了解和承认自己的理论则更为重要。

　　在这种情况下，幸亏赫屯有两位好朋友，一位是著名数学家普莱费尔（1748—1819），另一位是业余科学家霍尔。他们熟悉、支持赫屯的理论，并且积极传播他的理论。

　　例如，普莱费尔在1802年撰写了一部介绍、传播赫屯地质学理论的著作《关于赫屯地球理论的说明》，他运用流畅、通俗的语言，向世人宣讲了赫屯的地质学理论。霍尔则从1790年到1812年间，用一系列科学实验来证实赫屯的"火成论"学说，以便让人们相信它。

　　这样，经过普莱费尔和霍尔的不断努力，赫屯的"火成论"学说广为流传，被更多的人理解和接受。发现真理的人固然值得尊敬，而支持、传播真理的人也应受到颂扬！

（三）"水成论"和"火成论"的内容

1."水成论"

　　魏尔纳在他的"水成论"学说中，向人们描述了岩石形成的一系列过程。他阐述的内容如下。

　　早在地球刚刚形成的时候，它的四周还被"原始海洋"所包围，地球被淹没在原始海洋之中。没有陆地，更没有生命。

　　"原始海洋"是现在海洋的最初起源。"原始海洋"没有现在海洋这样清澄，而是浑浊、黏稠的。这是因为，在"原始海洋"中，含有各种各样的物质，它们混合在一起。

　　"原始海洋"中的一部分物质最先结晶（脱去水，形成固体），形成了原始岩石。魏尔纳把这种岩石叫做花岗石，它是覆盖在地球表面上的第一层岩石。由于原始海洋中的物质都是无生命的物质，因此，这些花岗石中并没有化石（化石是指保存在地层中的古生物遗体、遗物和它们的生活遗迹）。

接着，"原始海洋"逐渐减少，地球和它表面的花岗石露出水面。这时，一方面，这些花岗石被风化和海水侵蚀，发生分解沉淀，再次覆盖在海洋中的花岗石上；另一方面，"原始海洋"中一些物质继续结晶，沉淀下来，从而又形成了第二批岩石。魏尔纳把这些岩石叫做过渡性岩石，它们由粗沙岩和石灰岩等组成。在这一时期，由于"原始海洋"中出现了少量的水生生物，它们死后变成了化石，因此，在这些岩石中出现了少量的化石。

最后，海洋中的物质继续沉积，大量生物死后沉淀在岩石上，变成化石，从而又形成了一层岩石，魏尔纳把它们叫做沉积岩。沉积岩中存在着许多化石。接着，这些岩石经过风化以及海水的侵蚀作用，形成了次积岩。

可见，魏尔纳认为，所有岩石都是在海洋中通过海水的结晶、水中物质的沉淀和沉积逐渐形成的。水在岩石形成过程中发挥了重要作用。他否定火在岩石形成中所起的作用，认为在火山爆发前，地球表面的岩石大部分已经形成了，因此，火在岩石形成过程中不起作用。

以上就是魏尔纳关于"水成论"的主要内容。然而，"原始海洋"又是怎样形成的？海洋中的物质是怎样沉淀的？在岩石没有形成以前，被原始海洋包围着的地球是由什么组成的？当岩石形成之后，原始海洋又是怎样退却、消失的呢？对于这些问题，魏尔纳没能解释清楚。因此，希望少年朋友们在今后的学习过程中，认真考虑一下这些问题，以便找出正确的答案。

2. "火成论"

赫屯认为，原始地球都是由岩石组成的，地球的内部是熔融的岩石，就像炼钢炉中炽热的钢水一样（我们把它称为岩浆），地球的表面则是坚固的岩石。这就是说，岩石是地球本身固有的，而不是像魏尔纳所说的那样，是由原始海洋物质结晶、沉积形成的。在这一点上，他们两人的观点是不同的。

那么，分布在地球表面的岩石是怎样形成的呢？赫屯认为，地球内部高温的岩浆在"地下火"的作用下，从地球表面的裂缝中迸发或喷发出来。这些高温岩浆在遇冷以后，就冷却、凝固，由原来的液体变成了固体，从而形成了岩石。那么，这些高温岩浆又是怎样产生的呢？赫屯认为，它们是由"地下火"燃烧而成的，"地下火"在地球形成时就存在了。

魏尔纳认为，地球表面的花岗石是原始海洋中的物质通过结晶、沉积形成的。然而，赫屯却认为，花岗石是地球内部岩浆迸发出来后受冷凝固形成的。在花岗石的起源方面，他们两人的看法也是不同的。

赫屯也承认水在形成沉积岩中所起到的作用。但他认为，沉积岩在形成过程中，除了依靠水的作用以外，还受到地球内热——火的影响（地球内部的火燃烧，使地球内部产生热量），是水和火综合作用的结果。

总之，"火成论"的主要内容是：①地球表面岩石是从地球内部产生和形成的，而不是从原始海洋中形成；②花岗石不是由原始海洋中的物质沉积形成的，而是由地下岩浆喷发出后遇冷凝固形成的；③火是地球表面岩石形成的动力和源泉。

上述可见，"水成论"和"火成论"的观点是尖锐对立的，真是"水""火"不相容了，这自然会引起激烈争论。

（四）"水""火"之争

赫屯创立了"火成论"以后，在地质学界并没有立即引起多大反响，当他的好友普莱费尔把赫屯的理论向学术界公布以后，便产生了很大震动。

1. "火成论"遭到攻击

英国地质学家威廉斯于 1789 年出版了一部名叫《矿物界的自然史》的学术著作。在这本书中，他对赫屯的理论进行了抨击。他认为，赫屯的理论是"狂妄的和牵强的见解"，是对上帝的背叛，这种"学术性的背叛""最终要陷入无政府的、混乱和苦难的状态"。

另外，当时还有一位专门为皇后宣读《圣经》的学者，名叫德鲁克，他在 1809 出版的《地质学导论》一书中，也对赫屯的地质学理论提出了批评。他主张，地质学不能违背"上帝的意愿"。

2. 由争论变成武斗

更为严重的是，以魏尔纳为代表的"水成论"学派和赫屯为代表的"火成论"学派，不仅展开了激烈的学术争论，双方甚至还发生了惊心动魄的武斗。

有一次，在苏格兰爱丁堡，上述两大学派聚集在一起，召开现场讨论会。开会的目的是通过相互讨论，统一认识，消除分歧，促进地质学的研究与发展。

但是，与会者各自都坚持自己的理论观点，他们不能虚心听取对方的意见，而是相互指责，批判对方的理论观点，甚至粗暴地攻击对方。这样，争论由开始的相互指责发展到互相讥讽、咒骂，最后竟然发展到双方挥拳互相殴打。这使得原本是一场严肃、认真的学术讨论会变成了一场惊心动魄的"武斗"战场。结果，不但没有消除对立，反而更加剧了双方的敌视情绪，由学术争论发展成了敌我斗争。这不能不说是历史的遗憾、科学史上的一场闹剧。

3. 两派力量相差悬殊

1807 年，为了促进地质学研究，英国在伦敦成立了地质学会。当时，参加学会的会员共有 13 名，他们全部是"水成论"的支持者。第二年，学会又发展了 4 名会员，其中，3 名会员信仰和支持"水成论"，只有 1 名会员信仰和支持"火成论"，他的名字叫做麦卡洛克。在总共 17 名会员中，只有 1 名会员是"火成论"的信仰者，"水成论"与"火成论"信

原本是一场严肃、认真的学术讨论会，却变成了一场惊心动魄的"武斗"。

仰者人数的比是 16：1，"水成论"占统治地位，两派力量竟然相差如此悬殊。可以说，当时，"火成论"已完全被淹没在"水成论"的汪洋大海中了。

有的少年朋友可能要问："水成论"学派与"火成论"学派为什么相差如此悬殊呢？

首先，前面讲过，魏尔纳是一位善于辞令、颇有声望的矿物学教育家。他多年从事这方面的教学工作，向学生们传授他自己创立的"水成论"理论。因此，他培养了一大批"水成论"的信徒，从而使"水成论"者的人数逐渐增加。相反，赫屯直到晚年才依靠自学创立了"火成论"。他只是一位业余地质学家，没有专门从事过这方面的教学工作，也没有机会和条件把自己的理论广泛传授给别人。因此，除了他的少数朋友以外，知道和相信他的理论的学者是很少的，远远比不上"水成论"者的人数。

其次，早在魏尔纳创立"水成论"以前，"水成论"的思想就已经存在了。而且，"水成论"所宣扬的"水形成岩石"的思想与当时宗教神学宣扬的《圣经》内容相符合（《圣经》上说，太初的时候，上帝创造了天地，陆地上全是水，后来才把水汇成海，让陆地露出来，才造出了人和万物），因此，"水成论"得到当时宗教神学信徒们的支持。而"火成论"主张地球以及万物都是在进化发展的，而不是永远不变的。这种思想大大违背了上帝的意愿，自然受到宗教神学家们的攻击。当时的一些地质学家大都是宗教信徒，所以，他们便信仰"水成论"，反对"火成论"。

由此看来，在强大的"水成论"学派面前，"火成论"要想取得胜利是很困难的。然而，"火成论"最终还是取得了胜利。

4."火成论"被实验所证实

1790年～1812年，英国"实验地质学家"霍尔用实验方法验证了"火成论"的正确性。当时，他去一间玻璃厂参观，看到工人们把绿色的玻璃烧化后，玻璃变成了白色不透明的结晶体，再进一步把它熔化后立即冷却，这时，玻璃又从白色的结晶体恢复成原来的绿色固体。

这一现象给了霍尔很大启发。他想，岩石被火熔化以后是否也会出现上述现象呢？

于是，霍尔便开始了岩石熔化实验。他首先到附近的矿山采集了一块暗色岩（属于火成岩），然后，在实验室里用火把它熔化，以后，再把它冷却。霍尔发现，暗色岩当被熔化后又冷却时，与原来状态基本相同。这充分说明，暗色岩最初是由地球内部的高温融熔的岩浆遇冷后形成的，而不是通过原始海洋中的物质凝固、沉淀形成的，从而证明赫屯的"火成论"是正确的。

霍尔把自己的上述实验结果写成一篇论文——《关于暗色岩和融岩的实验》。他把这篇文章投给了爱丁堡皇家学会学报，该文发表以后，受到了学术界的普遍重视。在严肃的实验结果面前，人们不再像过去那样轻信"水成论"了，开始认真研究"火成论"。

5. "水成论"学派内部瓦解

随着"火成论"学说不断被实验证实，原来相信"水成论"的科学家，逐渐相信"火成论"，放弃"水成论"，成为"火成论"的支持者，使得"水成论"学派内部出现瓦解。其中，魏尔纳的学生、德国著名地理学家洪堡和德国著名地质学家布赫就是弃"水"投"火"的典型代表。

洪堡是现代自然地理学的奠基人，是从古典地理学向近代地理学推进的继往开来的地理学大师。他博学多才，曾经去过西欧、南北美洲等地考察，形成了自己独特的地理学思想。他撰写了五卷本的《宇宙》著作，阐述了他的地理学思想。

1791年，洪堡跟随魏尔纳学习，最初他非常相信"水成论"，反对"火成论"。然而，当他在1802年去厄瓜多尔附近的皮晋查火山考察时，发现火山喷出的高温岩浆受冷便凝固成岩石。看到这一现象，洪堡开始怀疑"水成论"，转过来相信"火成论"了。

布赫是一位地质学家，他曾跟随魏尔纳学习矿物学，对"水成论"也坚信不移。然而，当他进一步对火山进行考察时，他转而相信"火成论"了。

例如，1796年布赫到西里西安矿业公司考察那里的地质构造，发现玄武岩（也是一种火成岩）不在煤层以上而是在煤层以下。这说明玄武岩不是煤燃烧形成的，而是由地下岩浆形成的。1797年，他又考察了意大利的火山岩，发现这种岩石无法用"水成论"来解释。1799年，他又到那不勒斯，亲眼看到了维苏威火山喷发时，岩浆从地下流出遇冷凝固的壮观情景。这一切，使他更加怀疑"水成论"，相信"火成论"了。

除了洪堡和布赫以外，还有许多人，如魏尔纳的学生、地质学家詹姆逊（1774—1854），还有法国生物学家居维叶（支持"水成论"者）的学生们都变成了"火成论"的支持者。

可见，真理面前人人平等，不能因为年龄、身份而放弃对真理的追求。正如一位名人所说的那样，"我爱我师，但我更爱真理"。洪堡和布

布赫亲眼看到维苏威火山喷发时，岩浆从地下流出遇冷凝固的壮观
情景。

赫等人之所以毅然放弃"水成论"，改而相信"火成论"，一方面是因为
他们坚持用实践去检验真理，另一方面是因为"火成论"经受住了实践
的检验。

真理的"火"是用"水"扑不灭的。"火成论"经过长期的实践检
验，在经过一段短暂的失败以后，终于转败为胜，获得了最后的胜利。

当然，我们这里所说的胜利，并不意味着"火成论"完美无缺。事
实上，"火成论"只是在解释像玄武岩、花岗岩这样的火成岩石的形成方
面比"水成论"更为科学，但它并不能科学地解释沉积岩形成的准确原
因，而在这方面，"水成论"却作出了比较科学的解释。也就是说，"水
成论"和"火成论"都是从某一方面解释了岩石形成的原因。地球表面

的岩石有许多种，它们在形成过程中，经历了比较复杂的过程。因此，只有综合地运用"水成论"和"火成论"的有益观点，才能比较科学地了解岩石形成的真正原因。真理毕竟是相对真理，任何绝对真理都是不存在的，从"水成论"和"火成论"各自的特点和相互争论的漫长过程中，少年朋友们应该深深体会到这一点。

（五）争论的启示

通过了解上述"水成论"与"火成论"争论的过程及其结果，少年朋友们可以认识到，洪堡、布赫等人能够不盲目相信像"水成论"那样已经占据统治地位的理论，也不盲目崇拜像魏尔纳那样德高望重的导师，而是不断地进行实地考察，并利用实验结果去检验理论是否正确；一旦发现自己以往坚信的理论被实践检验是错误的，而自己一贯反对的理论被实践检验是正确时，就应当敢于放弃自己的理论，改而相信对方的理论。

能够做到这一点是很不容易的，需要有实践第一的思想意识，有对科学、真理的无限热爱和不懈追求的精神风范。洪堡和布赫都具备了。

这场争论所表现出的另外一个特点是，双方在争论初期，没有以实践去互相检验对方的理论，没有站在探讨科学、追求真理的立场上去争论，而是感情用事，把科学争论看成是一场派系斗争，最后，不但没有解决问题，反而加剧了双方的对立情绪，阻碍了科学的交流与发展。

上述两个特点形成了鲜明的对比，应当引起少年朋友们的认真思考。对待科学争论，对待任何一种科学假说，都应当像地质学家洪堡和布赫那样，以科学真理为自己追求的最高目标，以实践或科学实验为检验真理正确与否的唯一标准，只有这样，才能在科学争论中，加强理解，取长补短；才能在实践中，去伪存真，丰富和发展科学的理论，最终促进科学的发展。

七、庐山有第四纪冰川吗

——关于中国东部第四纪冰川的争论

热爱古典文学的少年朋友也许阅读过宋代著名诗人苏东坡写的赞美庐山的诗:"横看成岭侧成峰,远近高低各不同。不识庐山真面目,只缘身在此山中。"读罢,少年朋友既赞赏苏东坡的妙笔奇才,又为诗中描写的庐山景象心驰神往。

喜欢登山旅游的少年朋友也许已经登过庐山,亲眼目睹了庐山的壮美景色,也实际感受到了庐山的神秘内涵。

然而,少年朋友们也许还不知道,庐山之谜不仅在于人们很难看清它的真实形状和景色,更在于很难断定它是否有第四纪冰川。长期以来,地质学家们围绕庐山有无第四纪冰川这个问题进行了科学考察与研究,并且为此展开了长达半个多世纪的学术争论。这场争论在我国地质、地理学界产生了重大影响,对我国地球科学的发展起到了很大的推动作用。

(一)何谓第四纪冰川

第四纪冰川指的是在第四纪时期地球上产生的冰川,简称第四纪冰川。

那么,什么是第四纪,什么又是冰川呢?在这里我们向少年朋友们介绍一下。

1. 什么是第四纪

地质学家根据动植物进化的顺序，把地质年代从古到今划分为几个代（代是地质年代的第一级分期单位），它们分别是太古代、元古代、古生代、中生代和新生代；又把每个代分为若干个纪（纪是地质年代的第二级分期单位）。例如，把古生代分为 6 个纪，把中生代和新生代各分为 3 个纪。

第四纪是属于新生代中的一个纪，也是最年轻、距今年代最近的一个纪。新生代其他两个纪分别是新第三纪和老第三纪。在第四纪里，发生了两件大事：一件是出现了全球大冰川，另一件是出现了原始人类。可见，研究第四纪冰川对于揭开人类起源之谜具有重要意义。

2. 冰川是什么

冰川是指在高山和地球两极地区的积雪受自身重力作用而被挤压成的冰块，这些冰块因受自身的重力作用而沿着地面倾斜方向流动。由于这些冰块在流动时就像河水流动一样，因此，人们又把冰川叫做冰河。

冰川最初是由长年积雪形成的。地质学把囤积冰雪的地方叫做冰窖。冰川流动时，携带着大量岩石和泥沙，把它们载运到山下很远的地方。当冰川消融时，这些东西被留了下来，形成冰川堆积物和冰川遗迹，人们可以根据这些东西来推测某一地区是否发生过冰川现象。

地质学家把发生冰川的地质时期称为大冰期，把每一个大冰期分为若干个亚冰期，又把两个亚冰期之间的地质时期称为间冰期。

迄今为止，地球上曾经出现过 3 次全球性大冰期。

第一次大冰期发生在距今 6 亿年以前。这次大冰期覆盖的范围很大，它遍及亚洲东部和北部、欧洲的西北部、北美的五大湖区、非洲的中部和南部以及澳大利亚的中部和南部地区。

第二次大冰期发生在距今 2 亿～3 亿年以前。这次大冰期覆盖的范围很小，主要涉及南半球，没有涉及北半球。

第三次大冰期发生在距今 200 万～300 万年以前。这次大冰期来势迅猛，覆盖着地球 32% 的大陆面积。冰期来临时，气温下降，千里冰封，海洋面积缩小，苍海变桑田；冰期过后，气温升高，冰雪融化，海洋面积增大，桑田又变为苍海。第三次大冰期发生在新生代的第四纪时期，因此，这一时期的冰川又被称为第四纪冰川。

地球演化历程表

代	纪	距今年龄（百万年）	生物发展阶段 动物界	植物界
新生代	第四纪	3	人类时代	被子植物时代
新生代	新第三纪	25	哺乳动物时代	被子植物时代
新生代	老第三纪	70	哺乳动物时代	被子植物时代
中生代	白垩纪	135	爬行动物时代	裸子植物时代
中生代	侏罗纪	180	爬行动物时代	裸子植物时代
中生代	三迭纪	225	爬行动物时代	裸子植物时代
古生代	二迭纪	270	两栖动物时代	陆生孢子植物时代
古生代	石炭纪	350	两栖动物时代	陆生孢子植物时代
古生代	泥盆纪	400	鱼类时代	陆生孢子植物时代
古生代	志留纪	440	海生无脊椎动物时代	陆生孢子植物时代
古生代	奥陶纪	500	海生无脊椎动物时代	海生藻类时代
古生代	寒武纪	600	海生无脊椎动物时代	海生藻类时代
元古代		1800	最低等原始动物	
太古代		3500	最低等原始生物产生	
地球演化的天文时期		4500	地球物质的分异和圈层的形成	

　　我国的许多地区，如大兴安岭、长白山、秦岭、太白山等地区都发生过第四纪冰川，并被许多地质学者所承认，对此基本上形成了统一认识，自然也没有出现过争论。而围绕黄山、天目山、庐山等地区是否发生过第四纪冰川，尤其是庐山地区是否发生过第四纪冰川的问题，则发生过激烈的争论。

　　庐山位于长江南岸、江西省的北部，海拔 1000 米以上，面积约为 1100 平方千米。庐山有 90 多个山峰，最高峰为汉阳峰，海拔 1474 米。庐山至今还在徐徐上升，山体长年被雾气环绕，时隐时现，令人难以观其全貌。故此，苏东坡才发出"不识庐山真面目，只缘身在此山中"的赞叹。

　　我国地质学家李四光在考察庐山地质情况以后，提出庐山曾经发生过第四纪冰川。这又给本来就神秘莫测的庐山加盖了一层神秘的面纱。地质学者们围绕着李四光的冰川学说，展开了长时期激烈的争论，先后掀起了 3 次争论高潮。

　　下面就把李四光的生平、业绩以及这场争论的主要过程和内容向少

庐山至今还徐徐上升，山体长年被雾气环绕，时隐时现。

年朋友们叙述一下。

（二）李四光的生平和业绩

李四光是我国著名地质学家。他原名叫李仲揆，1889年10月26日生于湖北省黄冈县回龙镇张家湾的一个农村老师家庭里。他的父亲是当地有名的乡村教师，母亲是一位朴实善良的农村妇女。李四光幼时家境清苦，6岁跟他父亲读书。李四光勤奋好学，是一位爱动脑筋、喜欢动手制作玩具的孩子。

1902年，13岁的李四光以优异成绩考入武昌高等小学。从此，他正式把名字由李仲揆改为李四光。1904年，李四光被政府派往日本留学。1905年，李四光在日本

李四光

东京参加了由革命先行者孙中山领导的同盟会，走上了民主革命的道路。

1910年，李四光回国。辛亥革命爆发以后，李四光毅然加入到革命行列，并当选为湖北省实业司长，主持全省实业行政工作。不久，袁世凯篡夺了革命政权，李四光愤然辞去实业司长的职务，并于1913年赴英国留学。

在英国，李四光由原来在日本攻读造船机械学改学地质学，目的是为了使中国人能够自己开发矿藏，以期摆脱洋人的控制。1917年，李四光通过了学士考试，1918年获得硕士学位，1931年获得博士学位。1936年，李四光回国。

回国以后，李四光继续从事地质学研究与教学工作，先后发表了许多研究论文和专著。1948年，李四光当选为中央研究院院士，同年，他

被派赴英国出席第 18 届国际地质大会，并在会上发表了学术论文。1949 年新中国成立以后，李四光再次回到了祖国。

回国后，李四光被任命为中国科学院副院长，组织开展矿产资源调查工作。1952 年～1969 年，李四光被任命为国家地质部部长。在这期间，李四光不仅在地质学研究方面取得丰硕成果，而且在组织领导方面也作出了开拓性贡献。

例如，他领导成立了地质科学研究院及其相关的研究所，扩建了地质博物馆、资料馆和图书馆，筹建了中科院地质研究所、南京古生物研究所、古脊椎动物与古人类研究所，从而为发展我国的地质科学研究事业奠定了坚实的基础。

李四光在地质科学研究方面取得了重大研究成果，获得了全世界的赞誉。1958 年，李四光被苏联科学院选为院士；1959 年，他被授予卡尔宾斯基金质奖章。当时的许多国际著名杂志都介绍李四光的学术成就。李四光还是英国伦敦地质学会的国外会员、全苏古生物学会荣誉会员、印度古生物学会会员。他被英国著名科学史家李约瑟赞誉为最卓越的地质学家。

李四光不仅是杰出的地质学家，还是一位伟大的社会活动家。他是新中国政府第一届委员会委员，第二、第三、第四届委员会副主席，他积极参与政协工作。1950 年，李四光当选为中华全国自然科学专门学会联合会主席。1951 年，当选为世界科学工作者协会副主席，积极促进世界科学界的联合与发展。1958 年，李四光当选为中国科学技术协会主席。他于 1956 年和 1964 年在北京主持召开了世界科协会议和国际科学讨论会，为增进各国科学家的相互了解和友谊，作出了积极贡献。

李四光一生中撰写了数百万字的科学论著，取得了一系列重大科学成果。

首先，李四光创建了地质力学。1945 年，他在撰写《地质力学的基础与方法》一书中，首次正式提出了"地质力学"这个名词。1962 年，他出版了《地质力学概论》这部学术著作，标志着地质力学这门新学科的诞生。

其次，李四光运用地质力学的理论与方法，在指导煤田预测，寻找多金属矿、稀土矿、金银矿和金刚石矿等方面作出了卓越贡献。尤其是在寻找石油天然气方面，回击了外国人对我国的诬蔑，为甩掉我国"贫油"的帽子作出了重大贡献。正是在他的理论指导下，我国成功地开发建设了大庆油田、华北油田、江汉油田等一系列石油基地。

再次，李四光运用他的地震学理论，指出地震是可以预测的。他先后对在1966年、1967年、1969年我国部分地区所发生的地震进行了科学预测，为我国的地震预报工作作出了巨大贡献。

最后，就是向少年朋友们介绍李四光率先发现了中国东部第四纪冰川。

李四光的一生是为发展地质科学研究事业，为促进我国石油工业建设而奋斗的伟大一生。他曾经说过："一个科学技术工作者，如果他抱定了为社会主义祖国的富强，为人类幸福前途服务的崇高目的，在工作过程中，不断攻破自然秘密，发现新世界，创造新东西，去开辟人类浩荡无际、光明灿烂的未来，那么，他的生活就会丰富、愉快、生动和活泼。"李四光是这样说的，也是这样做的。正是在这样一种伟大的人生哲学的指导下，李四光才能把一生奉献给科学事业，奉献给祖国和人民，鞠躬尽瘁，死而后已。

这种人生哲学也应当成为新世纪的少年朋友们的人生哲学，成为你们今后学习工作的行动指南。早在1918年，李四光就提出了希望："要求新兴一代的'炎黄'子孙认识到自己肩负的责任……一方面要为纯科学的发展而尽力；另一方面，要用得来的知识，直接或间接去解决有关工业的问题。"这也是对今天的少年朋友们所提出的殷切希望。

敬爱的周总理曾把李四光比喻为一面旗帜。少年朋友们应当在这面旗帜引导下，认真学习，刻苦努力，为完成李四光的未竟事业（他已于1971年4月29日逝世）而努力奋斗。

（三）争论的主要过程

在这场争论开始之前，地质学界普遍认为，在第四纪时期，中国东部没有冰川，也不可能有冰川。然而，李四光通过大量的科学实地考察，否定了这种传统认识，提出了中国东部第四纪存在冰川的新观点，成为这一观点的第一个创立者和倡导者。于是，围绕第四纪中国东部究竟有无第四纪冰川这一问题，地质学界展开了长期争论。其中，庐山有无第四纪冰川，又是这场争论的焦点，并且，先后掀起了三次争论高潮。

第一次高潮是在 20 世纪 30～40 年代，第二次是在 50～60 年代，第三次是在 70～80 年代。

1. 第一次争论高潮

1921 年，李四光先后在河北省南部的太行山东麓和山西省北部的大同盆地进行了科学考察。他本来不是专门来此地考察这里是否发生过第四纪冰川，而是来开展与煤矿藏有关的地质勘察，看看这一带的地下有没有煤矿。然而，李四光在勘察过程中，发现这一带有许多形状奇特、巨大无比的石头（地质学把它们称为"巨砾"）。李四光还发现，这些石头既不是本地出产的岩石，也不是由洪水冲积而来的，岩石上还留有明显的擦痕（与其他物体相碰撞、摩擦后留下的痕迹）。李四光认为，这些巨砾是被冰川载着或推着漂到这里来的。他把这些石头叫做冰川漂砾和冰川条痕石，把存在这些石头的上述两个地方称为冰川遗迹。

于是，李四光提出了中国存在第四纪冰川的科学假说，否定了过去中国没有第四纪冰川的传统观点。李四光在寻找勘察煤矿藏资源时，偶然发现了第四纪冰川。这真是"踏破铁鞋无觅处，得来全不费功夫"。如果李四光没有对冰川问题的深入研究，是不会注意这些特殊现象的。可见，真理往往属于有头脑、有思想准备的人。

当李四光把他的重大发现公布于学术界以后，立即引起了地质学界的广泛关注。当时，在中国任农商部顾问的瑞典学者安迪生对李四光的发现持否定态度，坚持认为中国没有第四纪冰川。李四光对此毫不气馁，他准备用实践来检验他的发现的正确性。自此以后，李四光先后在庐山、黄山等地进行考察，又发现了一些冰川遗迹。

1934年，为了进一步探索中国有无第四纪冰川问题，地质学家们在庐山召开了关于冰川问题的现场辩论会。参加会议的中外地质学家有李四光、杨钟建、丁文江等中国地质学家，巴博尔（美国）、德日进（法国）、诺林（瑞典）等外国地质学家。会上双方争论得非常激烈，各执己见，相持不下，最后没有形成统一的认识，自然也没有能够结束这场争论。

1936年，李四光先后带领威斯曼、安迪生等外国地质学家到黄山进行实地考察，用事实来说服他们，并以此验证自己的科学假说。在确凿的事实面前，两位地质学家终于放弃了自己原来的观点，开始承认中国存在第四纪冰川。

李四光不仅用实践证明自己的冰川理论，而且还从理论上阐述自己的冰川理论，以增强说服力。1937年，李四光经过调查研究撰写了一部冰川理论著作《冰期之庐山》（该书在1947年正式出版），对冰川问题进行了科学系统的阐述，做到了理论与实践的有机统一。

然而，事实并非这样简单，冰川之争并未因李四光的著作问世而达到了认识上的统一，一些学者还是不承认中国有第四纪冰川。例如，美国地质学家葛德士在他的《亚洲之地与人》一书中，仍然坚持反对李四光的冰川理论，认为"第四纪中国无冰川发生，是因南方太暖，而北方又嫌过干之故"。

这样，关于冰川问题争论的第一个高潮到此暂告一段落。这场争论并没有完全解决争论中的问题，争论仍在继续，对冰川问题的研究也仍在进行。

2.第二次争论高潮

新中国成立以后，关于冰川问题的研究进入了一个新阶段，冰川之

1936 年，李四光先后带领威斯曼、安迪生等外国地质学家到黄山考察。

争也随之进入了第二个高潮。学者们纷纷写文章，围绕李四光的冰川学说展开了激烈的争论。

1963 年，黄培华在《科学通报》第 1 期上发表了文章，题目是《中国第四纪时期气候演变的初步探讨》，对长江以南地区存在冰川遗迹的观点产生怀疑，率先向李四光的冰川学说发起挑战。

同年，曹照垣等人在《科学通报》第 3 期上发表文章，题目是《关于中国冰期和间冰期问题》；吴锡浩等人也在《科学通报》第 6 期发表文章，题目是《对〈中国第四纪时期气候演变的初步探讨〉一文的讨论》。这两篇文章的作者都反对黄培华的观点，坚持认为中国东部有第四纪冰川，维护李四光的冰川理论。

争论继续进行。黄培华又在《科学通报》第 10 期上发表文章，题目是《关于长江以南地区冰川遗迹问题》。作者进一步阐述了自己的观点，否认中国东部有第四纪冰川。

针对黄培华的观点，曹照垣、吴锡浩等人在《科学通报》1964年第1期上又发表了题为《庐山及其东麓的冰川遗迹》的文章；景才瑞也在《科学通报》上发表了两篇文章，题目分别是《关于庐山冰碛物的讨论》、《论以庐山为代表的中国东部第四纪冰川的性质及其形成条件》。在上述文章中，作者从不同方面各自论证庐山具有第四纪冰川，反对黄培华的观点，再次维护了李四光的冰川理论。

这次争论从1963年开始到1964年结束，中间持续的时间比较短，涉及到的学者也比较少，也没有得出什么明确结论（虽然在表面上看，李四光的冰川学说得到了维护和巩固，但反对者依然存在）。然而，这次争论与第一次相比具有以下几个特点。

第一，争论的对象比较集中。这次争论不再像第一次争论那样，围绕中国是否有第四纪冰川这个大范围来争论，而是主要针对中国东部特别是庐山是否有第四纪冰川展开争论，从而有利于深入研究冰川问题。

第二，双方针锋相对地展开争论。争论者主要围绕是否赞同李四光的冰川学说展开争论。赞同者数量多于反对者，争论者你来我往，形成了尖锐的对立。

第三，争论地点由现场转向学术刊物。这次争论不再像第一次那样在现场进行，而是以发表学术文章的形式进行。并且，争论的形式和内容都突出理论性、逻辑实证性等特点。这表明，当时学者对冰川问题的研究已经由感性认识阶段上升到理性认识阶段，对冰川问题有了比较深刻的认识。

第四，争论者不再只是李四光本人，而是李四光冰川学说的支持者和反对者。这说明李四光的冰川学说在当时的学术界已经产生了很大影响。

以后，中国社会开始了一场空前的"文化大革命"。同其他科学研究受到阻碍甚至破坏一样，关于冰川问题的研究也被迫停止了，争论也就中断了。

3. 第三次争论高潮

粉碎"四人帮"以后,科学界迎来了明媚的春天,关于冰川问题的研究也随之变得活跃起来。

1978年9月,为了推动冰川问题的研究,地质学界再次在庐山举行了全国性的第四纪冰川学术讨论会,到会的中青年学者和老一辈科学家共同讨论,力求揭开庐山的神秘面纱。这次会议虽然也没有获得一致结果,没有形成统一认识,但它促进了争论进入第三次高潮。

第三次争论高潮开始于20世纪80年代。1981年,施雅风在《自然辩证法通讯》第2期发表了一篇文章,题目是《庐山真的有第四纪冰川吗》。他以此率先向李四光的冰川学说发起挑战,体现了"吾爱吾师,吾更爱真理"的治学精神。

这篇文章发表以后,立即在地质学界产生强烈反响。同年,景才瑞在《自然辩证法通讯》第4期上发表了题为《庐山真的无第四纪冰川吗》的文章,与施雅风展开了针锋相对的争论。

以后,又有许多学者参加了这次争论,他们纷纷以《自然辩证法通讯》作为争论园地,提出自己的观点,相互之间展开了争论。以下列出争论者和他们的文章题目及其学术观点。

(1)任美锷、刘泽纯、王富葆:《对庐山第四纪冰川问题的几点意见》,《自然辩证法通讯》,1982年第2期。作者认为,庐山很难发生第四纪冰川。

(2)周慕林:《庐山有第四纪泥石流吗》,《自然辩证法通讯》,1982年第2期。作者认为,庐山没有第四纪泥石流,庐山有第四纪冰川。

(3)黄培华:《〈冰期之庐山〉质疑》,《自然辩证法通讯》,1982年第3期。作者对李四光的《冰期之庐山》一书提出质疑,并以此认为庐山没有第四纪冰川。

(4)刘昌茂:《也谈庐山第四纪冰川》,《自然辩证法通讯》,1982年第4期。作者认为,庐山存在第四纪冰川。

此外,还有许多学者参加了这场争论,这里不一一介绍了。

总之，这场争论虽然在形式上与第二次争论相同，但在争论的内容和范围上，都有了较大的发展。

例如，学者们在争论过程中，对冰蚀地貌形态、堆积物、条痕遗迹和气候条件等问题展开了研究和探讨。另外，争论者除了有老一辈科技工作者以外，更多的是中青年地质学者。虽然争论双方都据理力争、相持不下，但从整体上看，争论的结果大多数学者还是赞同李四光的学说，承认庐山存在第四纪冰川。

（四）争论的主要内容

关于庐山冰川问题的上述争论，看起来很简单，似乎只要回答"有"还是"无"就可以了，但是，由于第四纪冰川是在很早的远古时代发生的，所以，人们无法直接观察到冰川，只能通过冰川遗留下来的一些痕迹来推测冰川是否存在。

那么，地质学者又是根据什么样的证据来推测冰川存在的呢？双方的观点是什么？这就构成了这场争论的具体内容。

1. 根据冰蚀地貌形态推测

所谓冰蚀地貌形态，是指冰川对它所存在的地方进行侵蚀，当冰川融化退缩以后，这些地方就会保留被冰川侵蚀的状态。就像洪水爆发时，携带着许多泥沙，把它沿途经过的地方都冲刷了，当洪水退去时，留下泥沙、地沟一样。

如果庐山存在第四纪冰川，那么，就会在庐山上找到冰川的发源地，也就是积雪囤冰的凹地——"冰窖"，也能找到冰川从山上向山下流动时，把沿途的山谷剥蚀成"V"字型的山谷，还能找到"悬谷"（大小两个冰川在谷地相遇时所呈现出的高低之差）、"冰斗"（冰川退缩后形成的漏斗状凹地）之类的冰川遗迹。李四光等人在庐山地区找到了这些遗迹。但是，反对者却认为，这些遗迹不是冰川遗迹。他们认为，这些遗迹也可能是山洪暴发形成的，而不是由冰川形成的。

2. 根据堆积物推测

堆积物是指冰川流动时，从远方载运着许多巨大的岩石和大量泥沙，当冰川融化消逝以后，就在谷底和沿途经过的地方把这些物体留下，形成了一些冰川堆积物。如果庐山确有第四纪冰川，就应该能找到这些堆积物。

李四光等人在庐山上确实找到了这些堆积物，并以此推测出庐山存在第四纪冰川。然而，反对者却认为，这些堆积物未必一定是冰川带来的，山洪、泥石流都可以带来这些物体。因此，他们否认把这些作为冰川存在的证据。

3. 根据气候条件推测

发生冰川所具备的气候条件应当是：山体高大，温度低，积雪量大，山上有囤积冰雪的凹地。只有具备这些条件，才可能发生冰川。

支持冰川说的人认为，我国冰川分为海洋型和大陆型两大类。庐山在第四纪时代，全年平均气温约为 0℃左右，而且终年云雾缭绕，温度很低，山顶有囤积冰雪的凹地，是形成海洋型冰川的理想场所。

反对者则认为，庐山山体不大，积雪量自然不大，温度也不太低，所以，不可能形成冰川。

此外，双方还围绕条痕遗迹（冰川携带的岩石与沿途的岩石相碰撞、摩擦以后所形成的痕迹）、古生物群（根据庐山地区在第四纪时代是否存在寒冷动物、植物，推测庐山当时的气候是否寒冷）等来推测冰川存在与否，并展开争论。

有的少年朋友可能要问：既然庐山存在着上面所说的一系列证据，不就很容易断定庐山存在第四纪冰川吗？为什么还会围绕这些实在证据展开争论呢？难道有争论的必要吗？

少年朋友别忘了，我们是在研究距今 200 万～300 万年以前发生的第四纪冰川问题。我们无法直接观察、验证当时在庐山是否发生过冰川，只能通过冰川遗留至今的某些物体来推测。迄今在庐山找到的遗留物是否就一定是当时的冰川遗迹，这也很难断定。

这一方面是因为年代太久远了，当时的遗留物（如果真有冰川存在的话）能否原封不动地保存至今，还很难说。在 200 万～300 万年间，地球已经发生了很大变化，庐山自然也不例外。

另一方面是因为，如今庐山上存在的上述一系列证据，本身未必就一定是冰川造成的，也未必只属于冰川的产物。事实上，洪水、泥石流等产生时，也会带来类似这样的物体。少年朋友也许从电视节目中看过山洪、泥石流暴发时的危险或壮观场面。这样，就有可能围绕上述证据是否属于冰川的证据展开争论。因此，需要对这些证据进行深入细致的科学研究，达到去伪存真的目的，最终找到准确的答案。如果不经过认真、科学地考察或研究，就轻率甚至武断地下结论，这不是科学研究的态度，最终是不能正确解决问题的。

事实上，洪水、泥石流等产生时，也会带来类似这样的东西。

有的少年朋友可能还要问：第四纪冰川即使存在，也是离我们今天很遥远的事了，探讨这件事对于我们今天有什么意义呢？

通过研究第四纪冰川问题，能够比较真实地认识距今 200 万～300 万年那个时代所发生的自然现象，能够掌握那个时代庐山地区的地质地理状况，掌握该地区地质运动的规律，这对于我们准确预测这一地区未来的地质发展，具有很重要的借鉴作用。

另外，由于第四纪时代是与人类起源与进化密切相关的时代，通过研究这一时代的冰川问题，可以了解当时的地球环境气候条件，这对于揭开人类起源之谜也具有重要作用。

研究历史，就是为了破解历史，掌握规律，为现代服务。正因为研究的是历史，存在着许多未知因素，才会产生许多争论。研究历史的意义固然重大，为研究历史而展开科学争论的意义也同样重要。以实用主义、短期利益主义价值观来对待历史、研究历史是不可取的。这一点，少年朋友们要牢牢记住。

关于庐山有无第四纪冰川的争论至今仍然在持续进行，尚未得出最终结论。希望少年朋友们认真学习，刻苦研究，以自己的聪明才智投入到这场科学争论中，彻底揭开庐山的面纱，真正认识庐山的本来面目。

（补充介绍：据《科技日报》1998 年 6 月 2 日报道：科学家在对太阳活动周期与地球气温变化的关系进行分析后认为，从 2030 年起，太阳中的太阳黑子和太阳风相互作用开始减弱，这将导致整个太阳活动频率下降，地球大气形成的云层增厚，阳光直接照射地球的强度减少，从而使得地球表面气温变冷，最终使地球可能出现新的冰川，面临新的冰川期。至于新的冰川期是否真的会到来，何时到来，它所涉及的范围和强度有多大，这些还有待于科学家们进一步观测分析。）

八、是"百家争鸣"还是"一家独鸣"

——摩尔根学派与米丘林学派的争论

少年朋友们大都明白这样的道理："种瓜得瓜，种豆得豆。"这种现象在生物学上叫做"遗传"。

少年朋友们也知道"一母生九子，九子各不同"。它说的是，同一位母亲生下的孩子虽然与母亲相似，但又各不相同。这种现象在生物学上叫做"变异"。

那么，什么叫遗传和变异呢？遗传是指生物体的性质和结构由上代传递给下代的过程及其结果；变异是指同一种生物在上代与下代之间或者在同代之间，他们（或它们）在形态、性质等方面所表现出的差异。

生物为什么会产生遗传和变异呢？它有什么规律吗？研究这些问题的学科就叫做遗传学。

摩尔根（1866—1945）是美国著名的遗传学家。他因为创立遗传定律而于1933年获得了世界科学领域的最高奖——诺贝尔（1833—1896，瑞典著名化学家，他一生中有过许多重大发明和发现，他用毕生财富设立一项奖励基金，以促进科学的发展，后人把诺贝尔名字作为这种奖励的名称）生理学医学奖。他的遗传学理论在国内外产生了很大影响。人们把推崇他的理论的人组成的学术群体称为"摩尔根学派"。

米丘林（1855—1935）是苏联著名的农艺学家。他因为在果树研究方面取得了很大成果而在1935年（他逝世前1周）被选为苏联科学院院士。他的遗传学理论曾经产生过很大影响。人们把推崇他的理论的人所组成的学术群体称为"米丘林学派"。

摩尔根遗传学理论与米丘林遗传学理论是互相对立的。这样，在以他们各自为代表的"摩尔根学派"与"米丘林学派"之间，自然发生了激烈争论。

这场争论首先发生在苏联遗传学界，然后波及到我国，在我国的遗传学领域产生了很大影响。争论在苏联和我国持续长达半个世纪之久，特别是由于当时政治因素的干预，给遗传学带来了不良后果，阻碍了苏联和我国遗传学的发展，给后人留下了沉重的历史教训。

这里把这场争论的过程及其结果向少年朋友们介绍一下，以便大家从中牢记历史教训，学会如何开展科学争论，深刻领会伟大领袖毛主席提出的"百花齐放，百家争鸣"这一方针的重要意义。

（一）争论的历史背景

要了解这场争论的过程和结果，首先要知道这两个遗传学派形成的历史过程。由于人们对遗传和变异的认识从古代就开始了，所以需要从古代谈起。

1. 我国古代的生物进化思想

早在古代，我国劳动人民在生产实践中，就认识到了生物的遗传和变异现象。

在遗传方面，他们主张"种子""气种"是遗传物质。我国人民除了有"种瓜得瓜，种豆得豆"的说法以外，还有"种麦而得麦，种稷（谷子）而得稷""龟生龟，龙生龙"的说法。汉代哲学家王充（27—97）认为，同种生物所具有的性状是遗传的，它是通过种子把自己的性状传递给下一代。在这里，王充把生物的"种子"看成是决定生物遗传的物质。

明代科学家王廷相（1474—1544）在继承了王充的上述观点的基础上认为，生物的遗传是连续、稳定的。他把"气种"看成是生物的遗传物质。此外，清代科学家戴震（1723—1777）则认为，不同种生物的性状，是由它们不同的遗传性决定的，这种遗传性存在于生物的"果仁"（胚）之中。

总之，我国古代科学家大都认为，种子是一种特殊的遗传物质，它决定着生物的性状及其遗传。凭借这种认识，我国劳动人民根据生物的性状，把野生水稻选育成能够栽培的水稻，把野猪培育成了家猪，促进了农业的发展。

在变异方面，认为生物变异与外界环境变化有关。我们的祖先不仅注意到了不同种生物之间存在着差异，不同种动物不能互相交配，他们还发现，有些生物的变异（例如谷穗的变异、牡丹花的变异等）不能遗传（这种变异在生物学上叫做"不遗传变异"），有些生物的变异（例如水稻、菊花的变异）则能够遗传（这种变异在生物学上称为"可遗传变异"）。他们认为，生物变异与它所在的环境有着密切关系，环境可以引起生物产生遗传性变异，通过选择作用，可以使有利的变异物种得到生存。

例如，我国古代著名科学家贾思勰在《齐民要术》一书中指出，如果把在山西并州产的豌豆种到河北井径口（地名）以东，把在山东产的谷子种到山西壶关上党（地名），都只长苗而不结果实。另外，春秋时代的科学家在他们写的《考工记》这部技术著作中指出："橘踰淮而北为枳。"就是说，如果把橘树栽种到淮河以北地区，就会变成了枳树。这就是说，生物在不同的环境中会出现变异而改变它们原来的遗传性，产生新的性状。

正因为认识到了生物的变异，我国古代科学家和劳动人民便通过生物杂交，人工选择培育出新的优良品种。例如，他们利用驴与马杂交，产生出身体强壮的骡子；利用不同性状的家蚕杂交，产生出体质健壮、耐高温、茧丝量高的优良品种，从而出现了杂种优势，促进了生产。他们还注意到环境对生物变异所起到的作用，在生产实践中，对于优良品种，他们便注意满足生物所需的生活条件，充分发挥它们的遗传性，以便保持它们世代不变；对于一些劣质品种，他们便尽量改变它们的生长环境，以此促使它们发生变异，再从中挑选出优良品种。

由此可见，我国古代劳动人民已经认识到，生物的遗传是由"种子"或"气种"等遗传物质决定的。不同环境可以改变生物的遗传性，促使它们产生变异。

2. 拉马克进化论与达尔文进化论

直接对摩尔根学派和米丘林学派的形成产生重要影响的，是拉马克和达尔文的进化论。

(1) 拉马克进化论：基本观点是"用进废退"和"获得性遗传"

拉马克（1744—1829）是法国博物学家。他自幼家境贫寒，16岁父亲逝世。以后，他参军入伍，22岁时退伍。从此拉马克忍受着失业和饥饿的折磨，致力研究生物的进化规律。1778 年，他出版了《法国植物志》一书，还出版了《动物学哲学》等进化论著作。在《动物学哲学》这部著作中，拉马克创立了"用进废退"和"获得性遗传"等著名的进化论。

什么是"用进废退"呢？它是指经常使用的器官就发达，不使用的器官则退化。例如，经常锻炼身体的人，他四肢的肌肉和骨骼就发达、健壮有力；相反，不锻炼身体的人，四肢就变得弱小无力。这一点，少年朋友们是容易理解的。

拉马克

什么是"获得性遗传"呢？它是指如果某一种生物的性状发生变异，产生新的性状，那么，这种生物就会把这种新的性状，通过生殖作用传递给下一代。也就是说，这种变异是可以遗传的。

拉马克利用上述"用进废退"和"获得性遗传"理论来解释长颈鹿脖子长的原因。长颈鹿的脖子为什么比其他动物长呢？拉马克认为，最初，长颈鹿的脖子长度与其他动物差不多。以后，它生活的地区发生干旱，地上的草都枯死了。为了生存，长颈鹿只好伸着脖子去吃树上的叶子充饥。由于经常往高处伸长脖子吃树叶，就使得它的脖子发达，不断向上长（这就是"用进废退"）。这样持续下去，长颈鹿就发生了变异，产生新的性状（脖子长），而且，这种新性状还能一代一代地传下去，以至遗传至今（这就是"获得性遗传"）。

此外，拉马克还论述了环境对生物进化的作用及影响。他认为，环境的改变能够引起生物的变异，产生新的性状。上述长颈鹿的脖子之所以变长，就是因为它的生存环境发生了变化，由原来土地潮湿、草木茂盛，变得土地干旱、草木枯黄，从而促使它形成新的性状，并且获得遗传。

可见，在拉马克的进化理论中，无论是"用进废退"，还是"获得性遗传"，二者都是与外界环境的作用分不开的。当环境适应生物某一类器官时，这类器官就获得充分利用，也就变得发达；而那些不适应环境的器官则会退化，这就是"用进废退"。如果环境永远适应某一类器官，那么，这类器官就会世代代遗传下去。相反，当环境发生变化的时候，生物原有的器官就会随之发生变异（否则，就会死亡），产生新的性状，并且，具有新的性状的器官由于适应新环境而变得发达，还会遗传给下一代。

可见，强调外界环境对生物遗传和变异的作用，是拉马克进化论的一个重要特征。在这一点上，拉马克的进化论与前文所述的我国古代的生物进化思想是相同的。

（2）达尔文进化论：基本观点是"泛生论"和"自然选择说"

达尔文（1809—1882）是英国著名的生物学家。少年时代的达尔文兴趣广泛，热爱自然，热爱生物。他的祖父和父亲都是医生，他们也想让达尔文学医，以便将来继承家业。然而，达尔文对此不感兴趣。后来，

为了生存，长劲鹿只好伸着脖子去吃树上的叶子充饥，由于经常往高处伸长脖子吃树叶，就使得脖子特别发达。

父亲又让达尔文学神学，希望他将来当个牧师，但达尔文对此也不感兴趣。他一直想学习和研究生物学。

1831年～1836年，达尔文乘坐英国皇家"贝格尔号"考察船开展环球考察，历时5年。在考察过程中，他详细考察和研究了所到之地的地理环境和生物状况，从中思考生物起源和生物进化的科学课题。回国后，达尔文博览群书，刻苦研究，取得了很多研究成果。1859年，达尔文出版了他的巨著《物种起源》，创立了生物进化论。

达尔文进化论的主要内容有以下几个方面。

第一，动物的每一个器官都存在着一种微小的颗粒，即"遗传因子"，它对动物性状的遗传和变异起到决定性作用。这就是他的"泛生论"假说。

第二，各种生物并非完全不同，彼此都存在亲缘关系，它们都是由共同祖先产生和进化而来的。

第三，人工选择会产生新物种。他承认环境对生物的遗传与变异会产生影响，认为当环境改变时，生物会产生变异而出现新的性状。这时，如果把具有这种新性状的生物筛选出来，进行人工培育，那么，就可以把这种新性状保留下来，传给后代。这样长期持续下去，就可以培育出新的生物物种。

第四，在生物之间普遍存在着生存斗争，它使得生物的数量

达尔文

相对稳定，而不会出现繁殖过剩。在生存斗争中，优胜者保存下来，劣败者则被淘汰。这个过程就是优胜劣汰、自然选择过程。自然选择是生物进化的主要动力。

第五，在各种生物中普遍存在着变异，变异是连续的而不是间断的。发生变异的生物，如果在自然选择过程中被保留，那么，这种生物就会得到继续繁殖，并且把变异后产生的新性状遗传给下一代。如果这样继续繁殖下去，就会形成一个新的物种，由此，生物获得了进化。

由此可知，达尔文的进化论强调，在生物器官中，存在着一种决定生物遗传的特殊物质——"遗传因子"（它相当于我国古代科学家所说的"种子"或"气种"），强调自然选择对生物变异以及新物种形成所起到的作用。这些理论与前文所述的拉马克进化论有所不同。它们的区别可以从达尔文进化论关于长颈鹿的脖子为何伸长的解释中看出来。

达尔文与赖尔（中）、胡克（右）在一起。

拉马克认为，长颈鹿脖子长的原因是由于长颈鹿为适应新环境而产生了变异，并形成了"获得性遗传"的新性状（脖子变长）的结果，是环境作用和影响的结果。

然而，达尔文却认为，长颈鹿脖子长的原因不仅仅是环境的作用，更重要的是长颈鹿体内的"遗传因子"发生变异，形成了新性状，经过自然选择作用，被保留下来。具体说来就是，原来鹿的脖子没有这么长，并没有长颈鹿；当一些鹿原来生存的环境发生变化（草原干旱）时，大部分鹿被饿死。后来，在这些鹿种群中，有的鹿的体内遗传因子发生了变异，导致它的脖子变长。这样，当大批普通鹿因草原干旱而被饿死时，那些脖子变长的鹿便可利用它的长颈去吃高树上的叶子，从而得以存活下来。这些鹿通过历代繁殖，便形成了新的物种——长颈鹿。

这就是说，长颈鹿发生变异产生新性状（长颈），并且适应了新环境，经受住了自然选择的考验，形成了新物种。长颈鹿这个新物种的产生是它自身的遗传因子变异以及自然选择作用的综合结果。

由此可见，拉马克和达尔文各自强调了不同的进化论思想。前者侧重强调环境对生物进化的影响，也就是说，拉马克强调外部因素对生物进化的作用；达尔文则强调生物体内"遗传因子"的变异及其对生物进化的影响，也就是说，他强调内部因素对生物进化的作用。

3. 达尔文主义学派和拉马克主义学派

此后，各国学者有的赞同拉马克的观点，有的则赞同达尔文的观点。他们又各自研究，形成了下列两种观点截然不同的进化论学派，彼此展开了长期的学术争论。

①达尔文主义学派。这个学派中的主要代表人物有：英国博物学家赫胥黎（1825—1895）、德国生物学家魏斯曼（1834—1914）、俄国生物学家谢维尔错夫（1866—1936）、奥地利遗传学家孟德尔（1822—1884）、丹麦遗传学家约翰逊（1857—1927）、美国遗传学家摩尔根（1866—1945）、美国生物化学家沃森和英国遗传学家克里克等，他们都通过研究，坚持和发展了达尔文进化论。下面把他们的主要进化思想叙述一下。

第一，魏斯曼继承和发展了达尔文的"泛生论"思想，提出了"种质论"。他认为，生物体分为"种质"和"体质"两个部分，种质就是决定遗传的物质（它就是后来所说的染色质），它在生物世代交替中保持不变，魏斯曼把种质所具有的这种性质叫做"种质的连续性"；体质受种质决定，它不能遗传。

第二，赫胥黎热烈赞颂和宣扬达尔文进化论，提出了"人猿同祖"理论。他先后撰写了《人类在自然界的位置》《进化论与伦理学》等著作，首次提出了"人猿同祖"理论。这位博物学家认为，人类最早是从猿类演化而来的，人类与猿类有同一个祖先，从而发展了达尔文关于人类起源的进化理论。

第三，谢维尔错夫编制了动物演化系谱，研究了生物进化的规律。他是俄国的达尔文主义者，先后发表了《进化过程的主要方向》《进化与心理》等生物学著作，着重研究动物种群间的亲缘关系，编制了低等脊椎动物的系谱，并把这些动物按照时间顺序像排家谱一样，由低级到高级排列出来，以此研究生物进化的规律，丰富和发展了达尔文进化论。

孟德尔

第四，孟德尔创立了遗传定律。孟德尔是奥地利学者，从小就勤奋好学，因家境贫寒，被迫进了修道院，当了一名修道士。在修道院期间，他努力学习、研究遗传学，并进行实验研究。他通过植物杂交实验研究，发现了"性状分离"规律和"自由组合"规律。

"性状分离"规律说的是：当具有一对相对性状的植物杂交，例如高茎豌豆（父本）与矮茎豌豆（母本）杂交，它们杂交后的第一代植物只表现出父本性状（即高茎豌豆）；但是，如果把这第一代豌豆再与母本（即矮茎豌豆）杂交，那么，在第二代植株中，豌豆性状会发生分离，出现既有高茎豌豆，又有矮茎豌豆的现象，而且，高茎豌豆与矮茎豌豆的比例是 3：1。

"自由组合"规律说的是：当具有两对或两对以上相对性状（例如，父本为圆形黄色的豌豆，母本为皱形绿色的豌豆）的植物杂交时，第一代种子都表现为圆形黄色，与父本性状相同；但如果将这些种子单独种植，那么，它们的第二代种子则表现出 4 种性状：圆形黄色、圆形绿色、皱形黄色、皱形绿色，它们的比例是 9：3：3：1。这是因为，豌豆的遗传因子在遗传过程中，相互独立分离，自由组合，从而表现了不同性状。

孟德尔发现的上述两大遗传规律，充分证明了遗传因子是决定遗传的物质，从而维护和发展了达尔文进化论。关于孟德尔遗传定律，少年朋友在今后的生物学课程中会进一步了解。

第五，约翰逊创立了"基因"概念。约翰逊的最大贡献是创立了"基因"等重要概念，从此，"基因"代替了"遗传因子""种质""种子""气种"等传统概念，为遗传学的发展奠定了理论基础。

第六，摩尔根发现了"连锁—互换"遗传定律。他的主要贡献是，在继承孟德尔两大遗传规律的基础上，通过对果蝇（蝇类的一种）杂交实验研究，创立了"连锁与互换"规律。他在实验中发现，当把灰身残翅果蝇（父本）与黑身长翅果蝇（母本）杂交时，它的后代都是灰身长翅，这与孟德尔定律相符合；但如果再把这个灰身长翅的雄果蝇与黑身残翅的雌果蝇杂交，那么，它们的后代只有灰身残翅和黑身长翅两种类型，它们各占50％，这就与孟德尔定律不相符合。然而，如果再把灰身长翅的雌果蝇与黑身残翅的雄果蝇杂交，那么，它们的后代则不再是两种类型，而是 4 种类型：灰身残翅、黑身长翅、黑身残翅和灰身长翅。其中，前两种类型的果蝇数量占83％，后两种类型的果蝇数量占17％。

摩尔根通过研究，揭示了产生上述现象的根本原因。他指出，决定果蝇遗传性状的基因大都在同一条染色体上，因此，这些基因在遗传过程中，大都互相连锁在一起而不互相分离。他把这种遗传称为"连锁"遗传。另外，还有少量基因虽然也位于同一条染色体上，但是，它们在遗传过程中互相交换自己的位置，从而增加了后代的性状类型。他把这种遗传叫做"互换"遗传。由此可知，在上述实验中，当灰身长翅的雄果蝇与黑身残翅的雌果蝇杂交时，它们是按照"连锁"遗传规律进行的；当灰身长翅雌果蝇与黑身残翅雄果蝇杂交时，它们则是按照"互换"遗传规律进行的。摩尔根把这两个遗传规律合称为"连锁—互换"规律。

摩尔根的"连锁—互换"规律，既丰富和发展了孟德尔遗传定律的思想内容，又是对达尔文进化论的深化与完善。它充分证明，基因是主要的遗传物质，染色体则是遗传物质的重要载体。

第七，沃森和克里克创立了DNA分子双螺旋结构模型。沃森和克里克通过长期的实验研究，进一步弄清了DNA（是一种生物大分子，一种重要的遗传物质，基因就是DNA分子链中的一个片段）分子结构（是一

摩尔根通过对果蝇杂交实验研究，创立了"连锁—互换"规律。

种双螺旋状结构），从而进一步弄清了遗传物质的结构组成，从分子水平上促进了遗传学的研究与发展。

上述生物遗传学家大都是在相信达尔文进化论的基础上开展实验研究并取得成果的。他们大都相信，决定生物遗传的是生物体内的遗传物质，而不都是外部环境因素，并且，他们弄清了这种遗传物质（基因、染色体、DNA）的组成结构，从而形成了达尔文主义学派，以后又发展成了摩尔根遗传学派。

②拉马克主义学派。这个学派的学者主要来自拉马克的故乡法国，

沃森与克里克在一起

以后逐渐扩展，几乎遍及全世界。它的主要代表人物有：帕卡德、科普、勒·达德克、艾默、奥斯本、耐格里、居诺、汪德比尔特以及俄国植物生理学家季米里亚捷夫（1843—1930）、植物育种学家米丘林和美国植物育种学家布尔班克（1844—1926）等。他们都通过各自的研究，坚持和发展了拉马克进化理论。

例如，生物学家汪德比尔特认为，新物种的形成不是来源于基因突变，而是来源于外界环境的作用。基因不是遗传物质，生物进化不是由基因变异引起的，而是受环境作用的结果。

季米里亚捷夫和布尔班克这两位来自不同国家的生物学家都主张，生物所具有的遗传性质不是受自身体内遗传物质作用的结果，而是生物所处的外界环境条件综合作用的结果。

米丘林是苏联著名的农学家，毕生从事果树研究。他通过果树杂交实验（例如嫁接实验，即把一种果树嫁接在另一种果树上），成功地让生长在南方温暖气候环境下的果树在气候寒冷的北方环境中正常生长，并

米丘林

培育出许多新型果树。俄国十月革命胜利以后，他的这项研究得到了苏联共产党及其政府的支持，他原来进行实验研究的一小块苗圃也由此发展成为全苏联果树栽培和植物育种研究中心，这就大大促进了他的研究事业。米丘林先后培育出了300多种新型果树，为苏联经济的发展作出了很大贡献，他因此被选为苏联科学院院士。

米丘林通过他的果树杂交实验认识到，遗传是生物普遍具有的一种特性，他把这种特性叫做遗传性。他指出，生物的遗传性普遍存在于生物体内，生物体内不存在着什么特殊的遗传物质。当环境发生变化时，生物的遗传性也随之发生改变，并获得新的遗传性；而且，这种新的遗传性还会遗传给后代，这就是"获得性遗传"。例如，如果把苹果的芽嫁接在梨树上，就会结出具有梨的形状和味道的新型苹果（即苹果梨），而且，这种苹果的种子还可以繁殖下去，使得这种新的苹果性状能够遗传给后代。

米丘林否定生物体内存在着像基因或染色体这样特殊的遗传物质，认为环境变化能够改变生物的遗传性并在后代中表现出来。他通过自己的实验，证明了拉马克的获得性遗传理论。他否认孟德尔遗传定律，认为孟德尔定律不适用于果树杂交。1933年，米丘林出版了《米丘林五十年工作总结》一书，全面阐述了他的上述理论，从而形成了与孟德尔、摩尔根尖锐对立的遗传理论，坚持和发展了拉马克进化论。

李森科是苏联的一位农学研究者。他通过对植物的个体发育、定向培育、无性杂交等问题的研究，提出了一年生植物的阶段发育理论。在生产上，他推广了"春化处理"方法。李森科开始还承认孟德尔遗传定律，但后来便反对这个理论，反对摩尔根遗传学。他主张，外界环境在改变生物遗传性的过程中起着决定性的作用。他打着"米丘林遗传学"的旗号，认为自己是米丘林学派的主要代表，打击和迫害那些信仰摩尔根遗传学的生物学家，企图利用米丘林遗传学来取代摩尔根遗传学。这在当时苏联生物学界造成了恶劣的影响。

通过上面的论述，少年朋友们可以认识到，摩尔根遗传学派和米丘林遗传学派是在达尔文进化论和拉马克进化论思想的影响下形成的，又是在达尔文主义学派和拉马克主义学派的形成和发展中产生的。可以说，摩尔根学派和米丘林学派的产生与形成有着很深的历史背景。

学派形成了，相互间自然会产生争论。然而，少年朋友们会从下文中了解到，由于这场争论受到当时苏联和我国政治斗争的不良影响，使得这场争论是在非正常的情况下展开的，这自然给两国遗传学的研究与发展带来了不良后果。

（二）争论的历史过程

摩尔根学派和米丘林学派之间的争论是从 20 世纪初开始的，两派争论主要出现在苏联和我国。这场争论由最初的纯学术争论发展到政治斗争，无论是争论的激烈程度，还是争论所产生的恶劣影响，都是在其他自然科学争论和社会科学争论中所罕见的。并且，这场争论发展到通过行政手段，强行支持一个学派，压制另一个学派，这也是令人震惊和难以理解的。下面就把两派在苏联和我国的争论过程及结果向少年朋友们交代一下。

1. 两派在苏联展开的争论

（1）当时的形势背景

1928 年 3 月，苏联国家政治保安总局指控煤矿工业中的大批专家和工程师犯了蓄意搞破坏活动并与国外企业老板秘密勾结等一系列"罪行"，于是制造了所谓的"沙赫特案件"，把 50 多名专家逮捕、审判，并且把其中的 11 名专家判处死刑，其他专家判处有期徒刑。

斯大林认为，上述所谓的"沙赫特分子""正在积蓄力量，准备对苏维埃政权发动新的进攻"，于是发出指令，掀起一场清洗运动，使得一大批无辜的科技专家遭到了残酷迫害。1936 年～1938 年，先后有几百万人遭到逮捕，投进了监狱，其中有 50 多万人被处决。人们把这一时期称为"大恐怖"时期。

1945 年以后，苏联政府发起了一场自然科学界的批判运动，企图以此肃清自然科学领域中的资产阶级思想。他们批判相对论和量子力学，尤其批判生物学中的孟德尔遗传学和摩尔根遗传学，极力推崇米丘林、李森科的遗传学。

这场争论就是在上述形势背景下发生的。

（2）争论的三个阶段

第一阶段是从 1935 年到 1941 年。在这个阶段，学术争论并没有结果，但在政治上，著名生物学家瓦维洛夫被逮捕、判刑，然后处死。李森科利用政治手段，取代了瓦维洛夫的全苏农科院院长职务，开始独霸学术界。

第二阶段是从 1946 年到 1948 年。李森科主张种内无竞争，否定达尔文的生存竞争理论。他虽然遭到摩尔根学派的反对，却获得了斯大林的支持。李森科利用政治斗争打击迫害摩尔根学派的生物学家。

第三阶段是从 1952 年到 1956 年。李森科主张种内无斗争、无互助，一个生物物种是由另一个生物物种产生出来的。这一观点遭到摩尔根学派的反对。1953 年，斯大林去世，赫鲁晓夫上台，苏共中央揭发斯大林的错误。1955 年，苏联科学家强烈要求撤销李森科的职务。1956 年，苏共中央纠正以往的错误，对李森科进行了批判。同年，李森科被迫辞职，摩尔根遗传学派开始复苏和振兴。争论至此虽暂告一段落，但尚未最终

斯大林认为，所谓的"沙赫特分子""正在积蓄力量，准备对苏维埃政权发动新的进攻"。于是发出指令，掀起一场清洗运动，使得一大批无辜的科技专家遭到了残酷迫害。

结束。

在上述三个阶段中，存在着米丘林与瓦维洛夫之争、李森科与瓦维洛夫之争等一系列争论。然而，李森科在这场争论中利用了当时国内外政治斗争的形势，依靠斯大林和当时的苏共中央的支持，控制着整个争论过程，通过政治打击、迫害等残酷手段，在国内科学界获得了统治地位。

在上述三个阶段中，1948 年 8 月在苏联举行的生物学会议是一个转折点，在这次会议上李森科通过政治斗争手段取得表面上的暂时"全面胜利"。下面，再把这三个阶段中的一些具体情况，向少年朋友们介绍一下。

（3）米丘林与瓦维洛夫：对手和朋友

20 世纪 30 年代初，在苏联，围绕着拉马克进化论和达尔文进化论展开过争论。后来，米丘林提出他自己的遗传学理论，主张生物的遗传性随着环境的改变而发生着变化，它是由环境决定的。这时，美国的摩尔根遗传学传播进来。摩尔根认为，生物的遗传过程是由遗传物质（基因）决定的。苏联农业科学院院长瓦维洛夫信仰并支持摩尔根遗传学的理论，不同意米丘林的遗传学理论。于是，他们之间展开了争论。

　　他们之间的争论最初是在科学范围内进行的。瓦维洛夫虽然不同意米丘林的观点，但他尊重米丘林，支持他开展科学研究，他们之间保持着良好的友谊。

　　例如，瓦维洛夫热情鼓励米丘林把自己的研究成果总结出来，写成学术著作发表，以便促进学术研究。1924年，米丘林在出版他的第一部遗传学著作时，瓦维洛夫还热情地为他的著作写了序言，高度评价了他的研究成果。米丘林也尊重瓦维洛夫，感谢他对自己研究工作的支持和帮助。1933年4月8日，米丘林在他的《米丘林五十年工作总结》这部书中，还写下"献给最尊敬的农业科学院院长瓦维洛夫，纪念我们的友谊"。1935年，为了表彰米丘

N. 1. 瓦维洛夫

林在遗传学研究中所取得的重大成就，瓦维洛夫带头提名选举米丘林为苏联科学院院士，并获得了通过。在米丘林逝世时，瓦维洛夫还在《真理报》上发表悼文，追述米丘林的研究业绩，表达自己的哀悼之情。

　　可见，米丘林与瓦维洛夫虽然在学术研究上有争论，但能够相互尊重与支持，把学术争论与个人情感严格区分开来，堪称科学争论的楷模，应当给予充分肯定和颂扬。

　　然而，在当时政治斗争形势的影响下，这种正常的科学争论很难持

续下来，不能不受到当时政治斗争的影响和干扰。

1930年底，苏联哲学界掀起了一场反对德波林派的政治运动。由于支持摩尔根遗传学理论的大多数遗传学家与德波林学派有牵连，他们被扣上了"孟什维克唯心主义学派"的帽子，受到打击与迫害。于是，原来正常开展的两派学术争论，被强行纳入到政治斗争之中，成为政治斗争的利用物和牺牲品。

（4）李森科登场：骗子和学阀

李森科的劣迹，主要表现在以下3个方面。

第一，窃取名誉和地位。

1935年，李森科先后当选为乌克兰科学院院士和全苏联农业科学院院士。他之所以能获得这么高的荣誉和地位，主要是依靠大搞政治投机，利用当时政治斗争形势，打击、迫害其他科学家，而不是凭着自己的研究业绩获得的。

1935年2月，苏联召开了"全苏集体农民突击队员大会"。李森科在会上作了发言。他发言的题目是《春化处理是增产的有力措施》，但是，他并没有专门阐述春化处理的原理和应用价值，认真听取其他科学家的不同意见，反而把这些科学家说成是"阶级敌人"，号召人们与他们展开阶级斗争。斯大林出席了这次大会，对李森科的发言给予

T. D. 李森科

"高度评价"，从而奠定了李森科的政治基础，为他进一步实施政治打击创造了条件。

李森科最初是支持摩尔根遗传学理论的。然而，当国内形势变化之后，他便转而支持米丘林遗传学理论，反对摩尔根遗传学理论。这样，

当米丘林逝世以后，李森科便声称自己是米丘林遗传学派的接班人，开始与瓦维洛夫展开争论。1935 年 6 月，在苏联农科院院外会议上，李森科与瓦维洛夫展开了第一次争论。1936 年 12 月在苏联农科院第四届会议上，1937 年在遗传与遗传学座谈会上，李森科又与瓦维洛夫接连展开了两次争论。由于瓦维洛夫在当时享有很高的威望，加上他的理论本来就是正确的，李森科的阴谋未能得逞。

然而，李森科利用当时政府开展的政治斗争，大肆诬蔑瓦维洛夫等人的遗传学是资产阶级的摩尔根遗传学，把这场争论说成是一场"阶级斗争"。他企图通过政治斗争来战胜以瓦维洛夫为首的摩尔根学派。

1937 年，瓦维洛夫被李森科等人诬陷为"间谍"和"特务"，1938 年被撤职，1940 年被逮捕，1943 年惨死于狱中。一位著名的生物学家就这样悲惨地离开了人世！

此后，李森科取代了他的职位，担任苏联农业科学院院长兼遗传研究所所长。这样，李森科便利用手中的职权，变本加厉地打击和迫害摩尔根学派的追随者。

第二，强行推崇米丘林遗传学。

1948 年 8 月，在苏联"生物学会议"上，李森科作了题为《生物科学的现状》的报告。他在报告中，把孟德尔、魏斯曼、摩尔根等生物学家说成是"现代反动实验遗传学的鼻祖"，认为摩尔根遗传学是"反动的""唯心主义的""形而上学"的遗传学，米丘林遗传学是"辩证唯物主义的"遗传学，是"科学的生物学的基础"。他还把信仰、支持孟德尔、摩尔根遗传学的科学家说成是"孟德尔、摩尔根的信徒"。

在李森科的操纵下，会议通过了这样的"决议"，即把生物学发展划分出两种对立的路线：一种是进步的、唯物主义的米丘林路线；另一种是反动的、唯心主义的魏斯曼（孟德尔、摩尔根）路线。这样，李森科便以会议"决议"文件的形式，达到了排挤和打击摩尔根遗传学派的目的。

有的少年朋友可能要问，为什么李森科有这么大的能量，使当时会议通过了如此荒唐的"决议"呢？这主要是因为，在李森科背后，有苏联政府特别是斯大林的支持。这正如他在作完报告时所宣告的那样："党中央委员会审查了我的报告，并且批准了它。"

可见，本来应当通过科学实验证据来结束的这场争论，却被政治权势以及学阀李森科的主观意志强行作出了不正常结论，轻率地宣告米丘林遗传学"胜利"了。

第三，排除异己，唯我独尊。

李森科为了进一步确立自己在科学界的霸权地位，采取种种手段，排除异己，唯我独尊。

首先，他通过政府的行政手段，利用苏联科学院主席团的决议，先后撤销了一些反对自己观点的学者的生物学院士职务，选择自己的支持者来担任这些职务。例如，他撤销奥尔培里院士的职务，解除了马尔毫森的进化形态研究所所长的职务，关闭了由杜比宁院士领导的细胞遗传学实验室。此外，他们还审查《生物学》杂志编辑委员会，清除摩尔根遗传学的追随者，增加米丘林遗传学的支持者。

其次，他通过教育部，在高等院校中开除了一批反对自己观点的教师，关闭了摩尔根学派实验室，取消了摩尔根遗传学课程，销毁了摩尔根遗传学教科书，只允许教师教授米丘林遗传学。

总之，由于当时苏联政府不正确地开展了政治斗争，并把斗争扩展到自然科学领域，特别是由于李森科的霸道专横，使得这场本是科学领域中的争论，导致了不应有的结果。

有的少年朋友可能要问，是否当时所有科学家都支持李森科呢？不是的，有些科学家也反对过李森科的理论观点和错误做法，但是，在斯大林发动的"大清洗""大恐怖"运动中，他们违心地放弃自己原有的理论观点，被迫支持李森科的观点。例如，日丹诺夫就曾经向斯大林写了"检讨信"，承认自己的错误。奥尔培里等人也"检讨"了自己的错误，表示支持李森科的观点和米丘林遗传学。

然而，他们的这种做法都是迫不得已的。他们有的还在坚持摩尔根

在"大清洗""大恐怖"运动中，摩尔根学派科学家先后被迫放弃自己原有的理论观点。

遗传学的理论，与李森科等人进行巧妙的斗争，仍然在暗中坚持研究蛋白质的合成、脱氧核糖核酸的复制等问题，继续坚持有关生物遗传和变异的规律问题的研究。

（5）李森科学派的覆灭和摩尔根学派的复苏

1953 年，斯大林逝世，李森科的统治地位开始动摇了。一些在斯大林时期遭受打击和迫害以及那些被迫承认米丘林、李森科遗传学理论的生物学家开始站出来反对李森科等人的垄断和专横，纷纷批评李森科的学术观点，要求承认摩尔根遗传学理论的科学性，允许开展这方面的研究。

李森科并不甘心自己的失败，他还竭力要求刚上台的赫鲁晓夫支持他，企图再次依靠赫鲁晓夫的力量来彻底铲除摩尔根学派，维护自己的统治地位。他的目的虽然在一定程度上达到了，再次使一些生物学家遭受打击和迫害，但是，日益发展的世界遗传学，使得遗传学研究者看清了李森科等人的本来面目。他们坚信摩尔根遗传学，与李森科等人展开了艰苦复杂的斗争。

到了1964年，伴随着赫鲁晓夫的下台，李森科的统治地位发生了根本性的动摇。1965年，苏联《哲学问题》杂志编委会举行了生物学哲学研讨会。在会上，会议代表，特别是生物学家代表开始对李森科的行为进行彻底批判，要求正确认识和对待摩尔根遗传学，允许并支持研究摩尔根遗传学。主张科学争论应当平等、公正地进行，不能通过政治手段支持一派，打倒另一派。

于是，在苏联遗传学界的一片讨伐声中，李森科被迫辞去农业科学院院长职务，从而结束了他的统治。这样，摩尔根学派得到了真正复苏，米丘林遗传学开始走向衰落，持续了近40年的两派争论至此才宣告结束。

少年朋友应当如何认识这场争论呢？

这场争论最早是在苏联卫国战争时期进行的。当时的苏联政府不恰当地在国内开展政治斗争，并把这种斗争扩展到科学界。这就使得他们很难正确对待科学争论，容易采用阶级斗争的方式来解决两派之间的学术问题，对这场争论采取粗暴的政治干预。正是在这种形势下，李森科通过政治斗争支持米丘林学派，反对、打击摩尔根学派。可见，对于科学争论问题，不能通过政治斗争来解决，应当抱着科学、民主、公正的态度去参与科学争论，运用实践或科学实验去验证争论双方的理论，正确解决矛盾。而要做到这一点，创造一个良好的政治环境十分重要。

2. 两派在中国展开的争论

（1）当时的国内形势

1949年10月1日，毛泽东在北京天安门城楼上向全世界宣告：中华人民共和国成立了，中国人民从此站立起来了！从此，我们的祖国从半封建、半殖民地的旧中国，崛起成为伟大的社会主义新中国。

当时，中国和苏联都是社会主义国家，与美国、英国等资本主义国家形成了明显的政治对立，中苏两国之间建立了友好的外交关系。在新中国成立初期，苏联政府曾派遣大批专家来我国协助开展社会主义建设。毛泽东曾发出了"我们要在全国范围内掀起学习苏联的高潮，来建设我们的国家"的号召。全国人民特别是广大的科技工作者纷纷学习苏联的科学技术，为此，他们积极学习俄语。据当时的统计，在中国科学院的研究人员中，学习俄语的人数达到了93.2％，其中，73.5％的人能够阅读苏联科技文献，26.8％的人能够从事翻译。这样，苏联米丘林遗传学也顺利传到了我国。

另一方面，新中国成立之前，我国遗传学基本上都是从西方引入的，担当遗传学教学与研究任务的，大都是从西方国家回国的留学生。他们都相信摩尔根遗传学，也主要讲授和研究摩尔根遗传学。于是，在我国也就存在着"摩尔根遗传学派"和"米丘林遗传学派"，双方也展开了争论。

（2）推崇"米丘林遗传学"，排挤"摩尔根遗传学"

苏联政府对两派争论采取行政干预，支持李森科的霸道做法，极力推崇米丘林遗传学，排挤摩尔根遗传学，打击、迫害摩尔根学派的科学家。这种做法也被当时的我国某些领导人模仿了，出现了以政治手段支持一方，排挤和打击另一方的现象，虽然还没有造成像苏联那样的严重恶果，却也带来了不良影响。这可以从以下的事例中体现出来。

1952年6月29日，《人民日报》发表了一篇文章，题目是《为坚持生物科学的米丘林方向而斗争》。文章赞扬米丘林遗传学理论，批判摩尔根遗传学理论，号召人们相信米丘林遗传学，反对摩尔根遗传学。由于《人民日报》是党中央机关报，这篇文章大体上反映出了当时我国某些领导人对两派争论的态度，这与苏联政府的初期态度是相似的。

这篇文章发表以后，在全国产生了很大影响。许多大学都停止向学生们讲授摩尔根的遗传学理论，只宣讲米丘林遗传学理论。就连中学的生物教材也被重新编写，把摩尔根遗传学的有关内容删除了。学术刊物也停止发表宣扬摩尔根遗传学的论文，只发表赞同米丘林遗传学的论文。另外，有关摩尔根遗传学方面的研究工作也被迫停止了。

在这种形势下，在一些大学里，两派之间争论也由原来的科学争论转变为政治斗争。一些米丘林遗传学的支持者乘机打击、迫害摩尔根遗传学的追随者，后果是相当严重的。

例如，北京农业大学校务委员会主任委员乐天宇，在农学系设立了一个农业生物学研究室。他本人崇信米丘林遗传学，因此，这个研究室的工作人员大都是米丘林遗传学的支持者。他鼓动大批专业知识不多的知识分子研究米丘林遗传学。为了排挤摩尔根学派，他在学校里大搞群众运动，企图通过这种方式，打击、迫害摩尔根学派中的一些科学家。李景均就是其中一个受害者。

李景均本来相信并研究摩尔根遗传学。但是，乐天宇却硬要他相信米丘林遗传学，放弃摩尔根遗传学，否则，就让他交待自己的"政治问题"。在这种压力下，李景均整日惶恐不安，最后被迫出走美国。在国外，李景均对中国的遗传学研究感到失望，他写了一本书，名叫《遗传学在中国的死亡》。他的这种看法虽然具有片面性，但至少说明当时中国遗传学的发展出现了危机。

我国著名植物学家胡先骕在他的《植物分类学简编》一书中敢于批判李森科的理论。于是，1955年10月，在纪念米丘林诞辰100周年大会上，胡先骕受到了责难和批判。

还有，当时武汉大学米丘林学派的代表人物何定杰，运用职权，打击和迫害像赵保国这样的摩尔根学派的遗传学家。

赵保国在美国获得博士学位以后，回国研究摩尔根遗传学。然而，何定杰等人却诬称他的研究脱离实际，是为资产阶级服务的，使得赵保国多次受到批判，遭到巨大打击，忧郁苦闷，难以解脱，以致患了精神病。以后，在文化大革命中，他又被打成反革命，受到了残酷迫害。

类似上面这些深受打击、迫害的人是很多的。乐天宇、何定杰等人虽然没有像李森科那样，打击迫害那么多的生物学家，他们的职位也没有李森科那样高，对摩尔根学派打击的程度也没有李森科那样严重，李景均、赵保国等人也没有像苏联生物学家瓦维洛夫等人那样被迫害致死，但是，这场政治运动给我国生物科学的研究发展所带来的不良影响却是很大的，它阻碍了我国遗传学特别是摩尔根遗传学的正常发展。

（3）青岛遗传学座谈会：一次良好的转机

1953年，斯大林逝世。1956年，李森科被迫辞职，宣告李森科统治时代结束了。1956年4月，苏联生物学家齐津院士来我国，参加12年工作规划的制定工作。他把李森科下台的消息带来了。从此，我国开始纠正以往的错误，吸取苏联的经验和教训。为了防止政治干预科学争论，党中央和毛主席制定了"百花齐放、百家争鸣"的方针，号召人们在艺术方面要"百花齐放"，在学术方面要"百家争鸣"。

在这种形势下，为了扭转我国遗传学界的混乱局面，积极贯彻执行"双百"方针，1956年8月10日至25日，中国科学院和高等教育部在山东省青岛市主持召开了遗传学座谈会。来自生物科学各个学科的130人参加了会议，其中包括米丘林学派和摩尔根学派的主要代表。

会上，两派代表围绕着"遗传的物质基础""遗传与环境之间的关系""遗传与个体发育的关系""遗传与系统发育的关系"等问题展开了争论。其中，双方在前两个问题上产生了很大分歧。

摩尔根学派认为，生物体内有一种特殊的遗传物质，这种物质就是基因，生物的遗传是由基因决定的；米丘林学派则认为，生物根本没有像基因这样的遗传物质，所有生物都具有遗传这样的特性。

这次争论虽然没有最终结果，但是，双方能够在会议上相互交流，畅所欲言，结束了以往的敌对状态，真正体现出"百家争鸣"的气氛。可以说，这次会议对于两派的争论是一个良好的转机，为长期处于沉闷状态的我国遗传学界带来了生机。

北京大学李汝棋教授参加这次青岛会议后感慨万分。他随即写了一篇文章：《从遗传学看百家争鸣》。他在文章中，针对以往在遗传学领域中，两派之间发生的科学争论，阐述了"百花齐放、百家争鸣"方针的意义，主张两派学者应当相互讨论，增加理解，共同为促进我国遗传学的发展作出积极贡献。

李汝祺教授参加这次青岛会议后感慨万分。

李汝棋的这篇文章在《光明日报》上发表以后，引起了很大反响。毛泽东同志阅读了这篇文章以后，要求《人民日报》予以转载，并把文章的题目改为《发展科学的必由之路》。这对于指导科学争论和推动科学发展都起到了巨大的促进作用。

总之，青岛遗传学座谈会对于贯彻执行"百花齐放、百家争鸣"的方针，对于指导这场遗传学领域中的两派争论，都具有重要意义。青岛会议之后，摩尔根学派的研究工作得到了恢复，科学出版社也出版了一系列有关孟德尔、摩尔根遗传学的著作，如摩尔根的《基因论》，孟德尔的《植物杂交实验》《生物统计遗传学》《细胞遗传学》等，还出版了苏联各派的科学争论著作系列丛书。这些可以说是青岛会议所产生的积极效应，它对于促进科学争论产生了积极影响。

（4）文化大革命中摩尔根学派又遭厄运

如果依照青岛会议的模式开展争论，真正贯彻"百花齐放、百家争鸣"的方针，那么，两派之间的争论本来会有一个良好的结局。

然而，接着而来的文化大革命，使得曾经被纠正过的错误又重新发生了。两派之间的科学争论又被看成是一场阶级斗争、政治斗争，刚刚被公正对待、重新复苏并得以与米丘林学派平起平坐、相互补充和促进的摩尔根学派又一次被打入冷宫，重遭厄运。

1958 年，许多大学又掀起了一场批判摩尔根遗传学的高潮。武汉某大学成立了战斗司令部，把坚持米丘林遗传学看成是贯彻党的教育方针的重要内容，把两派之间的学术争论看成是两条路线的斗争。以致一批摩尔根学派的遗传学家受到了不公正批判，不敢从事摩尔根遗传学研究，违心地接受了米丘林遗传学理论。现举以下例子加以说明。

1959 年，有人主张再召开一次遗传学会议，批判摩尔根遗传学，以此为米丘林遗传学翻案。他们认为在 1956 年的青岛遗传学会议上，米丘林遗传学失败了，要通过这次会议挽回败局，夺回失去的统治地位。这个建议因遭到了各方面的反对而未能实施。

1960 年，在批判摩尔根遗传学的高潮中，湖南农学院组织许多师生对摩尔根学派的遗传学家裴新澍教授进行批判；湖南医学院还强迫遗传学家卢惠霖教授向学生"坦白错误"，承认自己的观点是"资产阶级的学术观点"。

1970 年前后，上海在"四人帮"的操纵下，对摩尔根遗传学展开了批判。他们把摩尔根遗传学看成是"20 世纪以来流毒很广的最反动的资产阶级自然科学理论体系之一"，并对一些摩尔根学派的遗传学家进行批判和打击。

1976 年 3 月，一位米丘林学派的科学家还把国外开展的"基因工程"说成是"资本家的御用学者们为了抬捧其主子所设立的一套为愚民政策服务的所谓'遗传学'"。甚至在粉碎"四人帮"以后，有人还建议对摩尔根遗传学和基因工程等再次进行批判，这个建议居然得到了某些生物学家的支持和赞同。

总之，在文化大革命期间，两派之间的争论一直以阶级斗争的形式进行，被当时的政治斗争形势所左右。摩尔根学派一直受到不公正的冷遇，一大批摩尔根学派的科学家受到了批判，被剥夺了教学和科研权利，使我国的遗传学研究事业处于停滞状态。米丘林学派虽然依靠政治斗争取得了暂时胜利，在遗传学界占据了统治地位，但是，由于他们忙于搞政治运动，无暇从事遗传学的认真研究，并没有取得什么重要成果。

有的少年朋友可能要问，摩尔根学派与米丘林学派之间在中国的争论为什么与苏联相似呢？为什么在 1956 年青岛遗传学座谈会召开以后，本来已经纠正过的错误又会重演，而且愈演愈烈呢？

简要的回答就是，两派在中、苏两国的争论状况之所以相似是因为当时中国全面学习苏联，没有真正理解这场争论的科学含义以及摩尔根遗传学的科学价值，而是盲目照搬苏联的模式，以阶级斗争的原则和方式，对待这场争论。青岛遗传学座谈会召开以后，摩尔根遗传学又遭到厄运，是因为受到当时文化大革命的严重影响。其实，不仅遗传学界是如此，整个科学界也同样受到严重的影响。

粉碎"四人帮"以后，特别是党的十一届三中全会以来，科学界迎来了春天。两派争论中所存在的错误倾向得到了彻底纠正。摩尔根学派重见天日，得到了全面复苏，我国的遗传学研究重新得到迅速发展。

然而，争论并未到此结束，只是此后的争论不再以阶级斗争的方式进行了，而是改为真正从学术角度，以科学的态度展开。

例如，1978 年，在南京召开的全国首届遗传学会议上，两派结束了过去的对峙状态，联合成立了"中国遗传学会"，共同开展遗传学研究。在这次会议上，著名遗传学家、摩尔根遗传学者谈家桢先生与一些米丘林学派的遗传学家展开了正常争论。以后，两派围绕遗传学研究与教学展开了一系列良性争论，这无疑促进了我国遗传学研究的发展。

如今，摩尔根遗传学已经被我国和俄罗斯学者所共同承认，两派之间的争论宣告结束了。然而，少年朋友们从这场争论中应当得到什么启发呢？粗暴的行政干预，使得两派之间的争论失去了本来的科学意义，变成了政治斗争，使得摩尔根遗传学派受到不应有的打击、迫害，严重

阻碍了两国遗传学的发展。这是一次深刻的历史教训。科学争论切忌行政干预，要在公正、民主的气氛中进行，要实事求是，争论的结果要通过实践检验获得，要全面贯彻执行"百花齐放、百家争鸣"的方针。少年朋友们要牢记这个方针，用它去指导今后的科学研究和科学争论。

为此，既需要当前有一个良好、宽松的社会环境，也需要少年朋友们在未来的学习和工作中，创造一个更有利于科学争论的良好环境。

九、生物最初是从哪里来的

——"自然发生论"与"有亲生殖论"之争

自然界中的所有物质可以分为两大类：一类是无生命物质，如日、月、山、川等；另一类是有生命物质，如树、草、花、鸟等。特别是地球上有了生命以后，尤其是出现了人类这种最高级生命以后，整个地球便生机勃勃，繁荣昌盛。毛泽东同志曾经在他的诗中留下了"鹰击长空，鱼翔浅底，万类霜天竞自由"的壮美诗句，抒发自己对生物世界的无比热爱之情。

然而，生物最初是从哪里来的呢？是从无生命物质（如泥土）中自然生长出来的呢？还是从原有的生命有机体中繁殖出来的呢？

有的人认为，生物是上帝创造的，人类也是上帝创造出来的。上帝最先创造亚当和夏娃这一对男女，以后，他们不断繁衍，才形成现在的人类。这种观点就是《圣经》的宗教神学观点，当然是错误的。

对于生物起源的问题，科学家们进行了长期深入的探讨，形成了各种观点。

有的科学家认为，生命物质是由其他天体中飞来的。最初，地球上根本没有生命，其他星球上却有生命。在某一时刻，其他文明星球上的生物飞进地球中，经过不断地繁殖和进化，才形成了地球生物。那么，文明星球上的生物又是从哪里来的呢？至今，这个问题仍然没有得到彻底解决。

有些科学家认为，生物不是从无生命物质中产生出来的。地球本来就存在着一些低等生物，经过长期繁殖和进化，才形成了现代的高等生物。这种观点被人们称为"有亲生殖论"。

也有的科学家主张，生物是自然产生出来的，即从无生命的物质自然产生出来的。最初产生出来的生物的结构和功能是低级的，经过长期繁殖和进化，逐渐由低级生物进化到高级生命。这种观点被人们称为"自然发生论"。

"自然发生论"与"有亲生殖论"是相互对立的两种理论，它们分别拥有支持者。于是，在它们之间展开了一场长期、曲折、激烈的争论。下面就把这场争论的由来、过程和结果向少年朋友们介绍一下。

（一）争论的由来

1. "自然发生论"最早产生

从历史上看，"自然发生论"要比"有亲生殖论"产生早一些。

早在古代的中国和欧洲，"自然发生论"思想就已经产生了。

例如，我国东汉时期杰出的唯物主义思想家王充在他著名的《论衡》这部书中写道："天地，含气之自然也，天地合气，万物自生。"这句话的意思是说，天和地到处充满着气，气是天地自然产生出来的。如果天上的元气与地上的元气相结合，就会自然而然地产生出万物（包括生物）。也就是说，天地万物（包括生物）都是由元气自然而然地产生出来的。

古希腊著名哲学家亚里士多德认为，青蛙、蠕虫、蚤类、虱子等生物都是低级生物，都是由淤泥、脏土之类变化而成的，都是自然发生的。

在古代，"自然发生论"曾经起到积极作用。这表现在当时一些唯心主义哲学家们认为，生物是上帝创造出来的，只有上帝才能创造生物，生物只有依靠神力才能被创造出来。这种观点在当时被称为"生命活力论"，它自然是一种错误、反动的理论。"自然发生论"的产生，自然就抨击了"生命活力论"的反动观点。这正如马克思在他的《1844 年经济学——哲学手稿》这部著作中所说的那样:"关于上帝创造大地的观点,受到地球构造学,亦即把生物的形成、生成描述为一种过程、一种自我产生的科学的致命打击。"马克思在这里对"自然发生论"作了高度评价,说它"是对创世说的唯一实际的驳斥"。

15 世纪至 16 世纪,一些西方科学家进一步相信"自然发生论"思想。这些科学家主要有:瑞士医学家巴拉塞尔斯(1493—1541)、荷兰化学家海尔蒙特(1577—1644),还有意大利的毕翁纳尼等。

巴拉塞尔斯提出了一个医药配方。他说,如果按照这个配方去做,就可以在实验室制造出一个人来!

海尔蒙特也发明了一个能生产老鼠和蝎子的方法:将老鼠饲养在装有麦粒和酪饼片的缸里,再把一些脏内衣塞进缸里。他认为,这样做就可以使麦粒转化为老鼠了。

毕翁纳尼认为,如果把一种木料放到海里,木料腐烂以后,就会从木料中长出虫子来,然后,虫子又会变成蝴蝶,蝴蝶又会变成鸟。

读到这里,少年朋友当然会认为,上面几个人的说法都是不对的。

医学发展到今天,虽然能够在实验室中培养出试管婴儿,但这也是依靠受精卵培养出来的;采用巴拉塞尔斯提供的所谓配方,根本不可能在实验室里制造出一个人来。

老鼠是繁殖力很强的动物,当条件具备时,老鼠可以在很短的时间内繁殖出大量幼鼠,但是,幼鼠只能由母老鼠生出来,而根本不会从麦粒中生出来。

海洋中存在着许多微生物,微生物寄生的腐烂木料中可能会滋生一些小虫,但不能由虫变为蝴蝶,更不能由蝴蝶变为鸟。

当时,人们对生物的生殖机理等的认识都缺乏基本知识,以致他们在看到用海尔蒙特方法能产生老鼠的"事实",便相信老鼠是从麦粒中产生出来的,由此也相信"自然发生论"了。

总之,"自然发生论"在当时已经被人们广泛相信,并得到了迅速传

海尔蒙特认为，将老鼠饲养在装有麦粒和酪饼的缸里，就可以使麦粒转化为老鼠了。这种观点是不对的。

播和普及。

2. "有亲生殖论"应运而生

17世纪，生物学、医学得到了迅速发展。科学家们通过实验研究，逐渐认识到"自然发生论"是错误的。于是，他们便向"自然发生论"发起了有力挑战。

英国生物学家哈维（1578—1657）对鸡的繁殖进行了大量的实验研究，获得了许多实验证据。他发现，小鸡是从母鸡的卵内发育出来的，卵又是母鸡生出来的。1651年，他出版了《论动物的繁殖》这部著作。他在书中指出，"一切生命都来自卵"。也就是说，所有动物都是从卵中产生出来的，而不是自然发生的。

以后，意大利生物学家雷迪（1626—1697）通过对苍蝇的各个发育时期进行研究，也认为苍蝇是从卵中产生出来的。他反对"自然发生论"。

荷兰著名昆虫学家斯旺麦登（1637—1680）一生致力于昆虫研究，撰写了生物史上第一部昆虫学著作《自然的圣经》（此书在他逝世后才被出版）。他强烈反对"自然发生论"的观点，认为，即使最简单的生物也有很复杂的结构，这些生物也绝不会从泥土或黏液中突然产生出来，它们只能从自己的亲代中繁殖而来。

于是，在大量的实验面前，"自然发生论"失去了以往的统治地位，受到了沉重打击。"一切动物都来自卵"的观点越来越受到人们的承认，"有亲生殖论"便应运而生，并逐渐传播开来了。

威廉·哈维

（二）争论的过程

1. 卵是自然产生的吗

然而，"自然发生论"并没有因此而完全消失，相信"自然发生论"的人仍然很多。他们针对"一切动物都来自卵"的观点进行反驳，认为卵是自发生殖出来的，因此，一切动物最终还是自发产生出来的。他们还认为，蠕虫也是在动物肠道内由食物转变而来的。

面对"自然发生论"的反驳，意大利生物学家雷迪通过实验对此进行了抨击。

雷迪先把一块洗干净的细纱布覆盖在一块牛肉上，然后，他把这块牛肉放在阳光下暴晒，设法让牛肉腐烂。结果，他看到，不论牛肉怎样腐烂，也不会滋生出蝇蛆来。后来腐烂发臭的牛肉引来许多苍蝇，落在被细纱布盖着的牛肉上面。结果，细纱布上留下了许多苍蝇产下的卵，从这些卵中又生出许多蝇蛆。

可见，牛肉招来的苍蝇产下卵，卵又生出了蝇蛆，卵并不是从牛肉本身产生出来的。"自然发生论"是错误的。于是，经过这次争论，"自然发生论"失败了，"有亲生殖论"获得初步胜利。

2. 微生物是从哪里来的

雷迪把这块牛肉放在阳光下暴晒，让它腐烂。

"自然发生论"与"有亲生殖论"之间的争论到此并未结束，随着微生物的发现，双方围绕着微生物起源的问题，又掀起了争论的高潮。

（1）利用显微镜发现微生物

荷兰著名微生物学家列文虎克（1632—1723）在前人工作的基础上，先后制造了400多台显微镜和放大镜，为促进微生物学的发展作出了重大贡献。他也因此而被选为皇家学会会员。

1675 年，列文虎克利用他自制的显微镜在积水中观察，发现了许多小动物（它们现在被称为单细胞动物）。1681 年，他又用显微镜观察并发现了更小的细菌，如杆菌、球菌、螺旋体等。他还仔细描述了这些细菌的结构、运动状态等。

在生物学上，人们把这些身体微小、结构简单的生物叫做微生物。微生物主要有细菌、真菌、病毒等，它们繁殖迅速，数量众多，分布很广，人们仅凭肉眼看不到它，只能在显微镜底下才能看到它。微生物与动物、植物共同组成生物界。研究微生物的学科就是微生物学。

安东尼乌斯·列文虎克

（2）"自然发生论"者再发起挑战

微生物的发现，大大开阔了人们的视野，揭示了微观生物世界的秘密。更重要的是，微生物的发现使得处于衰退状态的"自然发生论"变得活跃起来了。

那么，微生物是从哪里来的呢？

对此，"自然发生论"者认为，既然在水以及变质的牛奶、肉汤和果汁中都大量存在着微生物，那么，就容易判断出，这些微生物是自发产生出来的。持这种观点的科学家主要有爱尔兰微生物学家尼德黑姆（1713—1781）、法国生物学家布丰（1707—1788）等。

1745 年～1750 年，尼德黑姆先后做了以下实验，试图以此来验证"自然发生论"。

他首先把一些肉汁之类容易腐败的液体放进事先设置好的密闭容器中，再把这个容器放在煤炉上加热，把容器中的肉汁煮熟。当肉汁煮沸到相当长的时间（目的是把肉汁内活的微生物杀死）以后，把它放到另一个地方，使它冷却下来。

过了一段时间，尼德黑姆发现，肉汁中又出现了微生物。于是，他认为自己通过实验证明，"自然发生论"是正确的。这正如他所说的那样："高温应该杀死肉汁中所含的一切生物，可是经过这次处理以后，在我的容器中仍然有生物的发育。这就是说，我亲眼见到了自发生殖现象。"

布丰是法国著名生物学家，也是一位进化论者。他是这样来解释上述实验结果的：腐败液体食物中的微生物不是外来的，而是从食物中自发产生的。这些腐败的液体食物具有产生微生物的特殊能力。他把这种能力称为"生殖力"。他认为，当用高温把腐败液体中的微生物杀死时，"生殖力"便从死亡的微生物体内游离出来，存在于液体之中。当液体冷却以后，这种"生殖力"又可以利用液体物质重新组成新的微生物。因此，微生物是在腐败的液体食物中自发产生出来的。

现在看来，尼德黑姆的实验结果虽然是正确的，是客观事实，但是，他所得出的结论却是不正确的，布丰的解释也是错误的，腐败的液体食物中根本不存在着"生殖力"。然而，他们的观点却很受"自然发生论"者们的支持和拥护，并且纷纷以此作为事实和理论根据，向"有亲生殖论"发起挑战。

（3）"有亲生殖论"者奋起应战

面对这种挑战，原来反对"自然发生论"的荷兰生物学家斯旺麦登开始动摇了。当他在显微镜下面看到了种类繁多、千姿百态的微生物以后，不是去认真地研究它，而是感到非常意外和震惊。他本来就是一位信仰上帝的宗教徒。他认为，这些微生物本来是上帝不愿让人看到的特殊生物，所以，人们肉眼看不到它。现在，人们却利用显微镜看到它们了，这是违背上帝意愿的行为，会受到上帝的惩罚。于是，他便把自己的观察记录和微生物结构绘图全部烧掉，以此祈祷上帝免去对他的惩罚。宗教神学竟然使他放弃了对微生物的研究，从而成为科学史上的遗憾。

然而，并不是所有微生物学家都像斯旺麦登那样轻易放弃自己的研究和观点，一些微生物学家如列文虎克、斯帕朗察尼（1729—1799）等纷纷通过自己的实验坚持"有亲生殖论"的观点，反对"自然发生论"。

列文虎克通过实验研究认为，像跳蚤这样的小动物不是从谷粒等物质中自发产生出来的，它们像"从虫卵中发育出长有翅膀的昆虫一样"，是从卵中发育、产生出来的。水中的微生物也不是自发产生的，而是"和极小的尘粒一起被风刮来的"。

严格说来，列文虎克的上述观点也是不科学的，甚至是错误的。但是，从他反对"自然发生论"这一点上看，则是可取的。

斯帕朗察尼是一位意大利博物学家。他不仅在理论上反对"自然发生论"，而且通过实验来反驳尼德黑姆的上述实验结果。

斯帕朗察尼于1766年和1776年，重复进行了尼德黑姆的上述实验，只是在加热时间上，他比尼德黑姆更长一些。然而，却得到了与尼德黑姆不同的实验结果。就是说，在加热后的肉汁中不再长出微生物来了。由此，斯帕朗察尼认为，尼德黑姆的实验结果之所以出现了微生物，是因为他加热的时间不长，没有把肉汁里的微生物彻底杀死。他通过自己的实验结果否定了"自然发生论"。

然而，尼德黑姆知道上述结果以后，并没有放弃自己的观点，反而认为斯帕朗察尼的加热时间太长了，以致把肉汁中的"生殖力"都破坏、消灭掉了，所以，才不会再长出微生物来。因此，尼德黑姆仍然坚持自己的"自然发生论"观点，反对"有亲生殖论"。

（4）相同实验为何带来不同结果

少年朋友们可能要问：尼德黑姆与斯帕朗察尼做的都是相同的实验，为什么却各自得到了不同的结果呢？难道仅仅是因为加热时间不同吗？

当时，人们只是发现了很少一部分微生物，还缺乏有关微生物的基本知识，因此，他们很难弄清微生物的结构、生长规律，也很难准确地进行实验操作，更不能对实验结果作出科学的解释。

事实上，微生物种类繁多，不仅有他们发现的那么几种，还有许多他们没有观察到的微生物。另外，微生物到处分布，几乎是无所不有，无处不在。

就拿他们所做的上述实验来说吧。

在装有腐败肉汁的容器里，不仅肉汁里存在着微生物，而且，在瓶塞上、瓶壁上、瓶颈上以及瓶内的空气中都存在着微生物。这样，即使把容器中的肉汁煮沸，把其中的微生物杀死，也不可能把其他部位的微生物全部杀死。当冷却后，这些未被杀死的微生物又会进入到肉汁里，再次进行繁殖。如果长时间加热，有可能把容器各个部位（包括肉汁内）的所有微生物全部杀死，在此情况下，冷却后可能不会再产生微生物。

另外，如果只考虑肉汁里的微生物，那么，由于在这些微生物中，既有能够被高温杀死的普通微生物，也有不易被100℃高温杀死的特殊微生物（如枯草杆菌等）。因此，如果加热时间短，温度不高，这些细菌很难被全部杀死；当冷却后，它们又会存活下来，并能够迅速繁殖。

正因如此，才会导致上述尼德黑姆和斯帕朗察尼虽然做的是同一种微生物实验，却得出不同的实验结果。这本来是正常现象。然而，由于当时人们不能全面科学地认识微生物，因此，他们便根据自己的实验结果，做出不同的解释，并且相互间展开了争论。

这样，由于受到当时实验条件和人们对微生物知识缺乏认识的限制，尽管人们试图通过实验结果，来验证"自然发生论"和"有亲生殖论"谁对谁错，但并没有达到目的，这两种理论仍然相峙对立着。

（5）巴斯德与普舍的争论

一波未平，一波又起。就在尼德黑姆与斯帕朗察尼围绕同一种实验却获得不同结果所展开的争论，还没有最终结果的时候，法国著名微生物学家巴斯德（1822—1895）与法国微生物学家普舍（1800—1872）围绕微生物起源问题又展开了激烈的争论。

巴斯德是近代微生物学的奠基人。他在有机化学和发酵、传染病等领域中都获得了很多研究成果。

巴斯德在研究酒精、醋酸、乳酸发酵的过程中发现，从酒酵母菌的

在这些微生物中，既有能被高温杀死的普通微生物，也有不易
被高温杀死的特殊微生物。

菌种中产生出来的细菌只能是洒酵母菌，从醋酸菌的菌种中产生出来的
细菌只能是醋酵菌，而不可能是其他种类的细菌。这就像母马生出的只
能是马而不会是狗一样（遗传学把这种现象叫做遗传现象）。因此，他相
信"有亲生殖论"，反对"自然发生论"。他认为，不同细菌绝不可能在
相同环境中的同一种营养物质中直接自发地产生出来。

　　普舍是与巴斯德相同时代的微生物学家，但他却是一位"自然发生
论"的拥护者和鼓吹者。他竭力试图通过实验研究来验证"自然发生论"
是正确的，让更多的人相信它。

　　于是，巴斯德与普舍各自为了维护自己的观点，展开了激烈的争论。

巴斯德于 1860 年先后做了两个微生物实验。

第一个实验就是生物学史上著名的曲颈烧瓶实验。

曲颈烧瓶的上端是一个细长而弯曲的玻璃管。制成这种烧瓶的目的在于，当空气通过玻璃管到达烧瓶底部时，由于管子细长、弯曲，因此使得空气中的微生物只落到管壁上，从而可以阻止微生物进入烧瓶底部。

巴斯德事先在烧瓶中加入一些营养丰富的酵母液体。这些液体在没有微生物存在时，呈现透明、澄清的状态；一旦含有微生物时，便很快由澄清变成浑浊状态。因此，通过观察这种液体颜色的变化情况，就可以断定其中是否存在着微生物。

巴斯德在曲颈烧瓶中加入了经过高温杀菌的酵母液体，让瓶口开着。然后，把它放在温度适当的地方。他发现，烧瓶中的液体一直是澄清、透明的。也就是说，这种液体中没有微生物，是无菌液体。即使把这种烧瓶放置了很长时间，液体也一直是无菌液体。但是，如果把细长弯曲的玻璃管折断，那么，烧瓶中的酵母液体就会由透明变得浑浊。这说明，液体中已经含有微生物，这些微生物是由空气中的微生物进入液体而繁殖出来的。

通过上述实验可以看出，虽然酵母液体营养丰富，温度适宜，具备发育细菌的良好条件，但是，只要没有外来的微生物，它自身决不会自发地产生出细菌来。这就否定了"自然发生论"。

巴斯德接着做第二项实验。在这次实验中，他用的烧瓶不是曲颈烧瓶，而是短颈直形烧瓶。当瓶口开着时，空气中的微生物便可以顺利进入烧瓶底部。巴斯德在烧瓶中加入相同的酵母液体，然后，加热烧瓶以杀死液体中的微生物。这时，巴斯德不再像上次实验那样让瓶口敞开着，而是在加热杀死瓶中微生物以后，趁热立即用煤气喷灯把瓶口烧化、封死，以便防止空气中的微生物进入烧瓶中。这时，瓶中的酵母液体呈现澄清、透明状。这说明，其中没有微生物存在。

然后，巴斯德带着若干个这样的烧瓶，分赴巴黎、阿尔卑斯山等许多地区做实验。他每到过一个地区，就打开一个烧瓶，然后立即封上瓶口，为的是让空气进入瓶中，以此观察不同地区空气中的微生物进入烧瓶的情况。

巴斯德通过一系列这样的实验发现，在不同地区打开的烧瓶，瓶中液体的颜色发生不同的变化。这说明，不同地区空气中微生物的含量是不同的。

巴斯德的上述实验结果引起了普舍等人的强烈反对，他们决心也用实验结果来反驳巴斯德的结论。

普舍等人做的实验虽然与巴斯德做的实验相似，但是，他们往烧瓶中加进的不是酵母液体，而是干草汁（液体的名称）。实验结果却与巴斯德的实验结果相反。普舍的实验结果表明，不管在哪个地区，只要打开烧瓶，瓶中的干草汁就长满了微生物。这就是说，不同地区空气中的微生物含量都是相同的。

可见，相似的实验过程，却又得出了不同的实验结果。巴斯德对此无法进行解释。他只好把自己的实验结果向巴黎科学院作了报告。

巴黎科学院并没有对巴斯德和普舍的不同实验结果进行调查研究，广泛取证，弄清其中的原因，而是单方面高度评价巴斯德的实验，并向他颁发奖金，推选他为巴黎科学院院士。

巴黎科学院作为国家的权威机关，对待这场争论所采取的支持一方压倒另一方的态度和做法显然是错误的。

事实上，这种做法并未能中止这场争论，反而使争论更加激烈。

普舍对巴黎科学院的上述做法表示不服，他强烈要求科学院组织审查双方实验，以便做出公正的判决。他还四处发表演讲，批驳巴斯德的学说，宣传自己的观点。

另外，其他科学家，例如巴斯替安、南盖利、库库克等人也通过实验纷纷支持"自然发生论"，与巴斯德展开了争论，使得这场争论不但没有停止，反而愈演愈烈，一直持续了许多年，在微生物学界产生了很大影响。

读到这里，少年朋友们可能又提出疑问：为什么相同的实验过程会得出不同的实验结果呢？巴斯德为什么不对此继续深入研究，反而自行向巴黎科学院请功呢？

前面已经说过，巴斯德与普舍的实验过程虽然相同，但是，他们各自向烧瓶中加入的营养物质不同。巴斯德加的是酵母液体，这种液体只适合酵母菌生长，而不适合其他细菌的生长。当把这种液体加热到100℃时，液体中的酵母菌就会被全部杀死，使液体呈现无菌状态。

相反，普舍往烧瓶中加入的不是酵母液体，而是干草汁。这种液体除了适于干草菌生长以外，还适合枯草杆菌的生长。因此，这种液体除了含有干草菌以外，还含有许多枯草杆菌。枯草杆菌具有一个特点：当加热温度升高到100℃时，就会形成芽胞，在芽胞的保护下，枯草杆菌可以忍受100℃的高温，不易被杀死。如果要把它杀死，必须把温度提高到120℃以上。因此，普舍虽然把干草汁加热，把其中的一些细菌杀死，但温度没有达到120℃以上，因此，其中枯草杆菌并没有完全被杀死，这样，当温度降低时，芽胞脱落，枯草杆菌便复活了。

另外，枯草杆菌生长时需要氧气。因此，当加热烧瓶时，瓶内空气因受热而被排出瓶外，使得瓶内处于缺氧状态，此时，枯草杆菌便形成芽胞以便保护自己，能够存活下来。当把烧瓶盖打开时，空气迅速进入瓶内，于是，枯草杆菌得到了氧气，便又复活了。

实际上，巴斯德已经知道了枯草杆菌有关的基本知识，也对芽胞的形成原理以及消灭芽胞的方法十分熟悉（这种方法本来就是他发明的）。因此，如果他利用这些知识去分析普舍的实验结果，那么，既可以平息他们之间的争论，也会促进这方面的研究。凭借着巴斯德的能力是可以做到这一点的。他只要重复一下普舍等人的实验，然后，再用显微镜观察干草汁中的枯草杆菌，向普舍说明有关枯草杆菌的上述特征，最后，再用自己发明的杀菌方法，把枯草杆菌杀死，就有可能得出与自己相似的实验结果了。

然而，巴斯德并没有这样做。他既没有运用自己已经掌握的理论和方法来分析自己与普舍之间的争议，阐明原因，找出解决问题的方法，也没有向巴黎科学院如实报告他与普舍之间的争论，要求进一步开展有关这方面的研究。

巴斯德只注重实验而不注重理论分析，完全被实验牵着鼻子走。他居功自傲，过于自信，轻视对方。在他看来，普舍等人不会做实验，不掌握实验技术，只有自己才是天才，才会做实验，真理只属于自己，而不属于普舍等人。

很显然，巴斯德以上述狭隘思想和傲慢态度来对待这场争论，当然不会产生积极的结果，自然也平息不了这场争论。结果，"自然发生论"不但没有被"有亲生殖论"战胜，反而能够在很长时间内与"有亲生殖论"相对立，并展开激烈的争论。

由此看来，即使你掌握了真理，拥有获得真理的知识和方法，但如果不以良好的态度去对待相关的科学争论，那么，你也不可能最终说服对方相信你的真理，当然你也不可能最后拥有真理，更何况你的真理还只是相对真理，而不是绝对真理，就像"有亲生殖论"不是绝对真理一样。

巴斯德居功自傲，过于自信，轻视对方。

（三）"生命的起源必然是通过化学的途径实现的"

生物最初是从哪里来的呢？

"自然发生论"显然是错误的。因为它虽然在主张生物从无机物中产生出来这一点上是可取的，属于唯物主义的世界观和进化论；然而，它没有具体阐明生物最初从无机物中产生的科学道理和途径，不能让人们弄清生命起源的具体情况，反而使人们在认识上产生了一种神秘感。

"有亲生殖论"也是不对的。因为它虽然指出了生物的遗传特征，认为生物由卵发育而成，然而，它也没有最终解决生物起源问题。在回答卵又是从哪里来的问题上，它陷入一种两难境地。这就是：①如果认为卵是由生物体中发育出来的，那么就陷入了由生物—卵—生物的循环过程，从而不能解决生物起源问题，就像只认为鸡生蛋，蛋生鸡，回答不出鸡的最初起源问题一样；②如果认为卵只能由生命物质中产生出来，那么，就会坠入上帝创造生命，或者神创造特殊生殖活力制造生物这个唯心主义的神学泥坑之中而不能自拔。

因此，上述两种理论都难以对生命起源问题作出科学的回答。

就在"自然发生论"和"有亲生殖论"之间的争论没有结果但又相持不下的时候，一种新的更加科学的理论——关于生命起源的"化学起源说"诞生了。许多生物学家和哲学家为了创立这个学说作出了巨大努力。

1809 年，生物学家奥肯（1779—1851）认为，生命最初起源于一种原始的"黏液"物质，它是从无机物中演化而来的。

1869 年，德国博物学家海克尔（1834—1919）认为，地球上的生物最早是"由非生命物质发生的"。

1876 年，伟大导师恩格斯指出："生命的起源必然是通过化学的途径实现的。"这就是说，生物最初是由无生命的物质通过化学反应合成有机

米勒在实验室中研究生命起源

物，然后再由有机物经过漫长的进化过程，最后产生出来的。

那么，能够把无机物合成有机物吗？

1824年，德国著名化学家维勒（1800—1882）第一个在实验室里把无机物合成为有机物，这种有机物就是尿素。从而证明，有机物完全可以从无机物中产生出来。

1953年，美国化学家米勒第一个在模拟原始地球大气环境的容器里，通过火花放电反应，从无机物中制造出许多种有机小分子物质。这再次证明，人类可以把无机物合成为有机物。

苏联著名生物学家奥巴林（1894—1980）在总结前人研究成果的基

F. 维勒（1800—1882）

础上，于 1922 年创立了关于生物起源的"化学起源说"理论。

奥巴林认为，"自然发生论"不能解决生命起源的问题。生物最初不是自发产生的，也不是依靠自古就存在的卵繁殖发育出来的。地球上最原始的生物是通过逐渐的化学演化过程，从非生物的物质中产生出来的。

少年朋友们在学习生物学以后就会知道，生物最基本的单位是细胞，生物是由无数个细胞组成的。即使最原始的生物——单细胞生物，也是由一个细胞构成的。

那么，细胞又是如何产生的呢？

对此，有两种观点，两种答案。

奥巴林认为，有机物先形成一种团聚体，然后，由团聚体演化形成原始细胞。

美国化学家福克斯（1912—）则认为，有机物先形成微球体，然后，再由微球体演化形成原始细胞。

团聚体和微球体都是一种独立存在的生命体，是细胞的前身。虽然二者也处于学者的争论中，但都回答出了细胞起源问题。

"化学起源说"虽然也主张生物最初是从无机物中产生出来，但它指出了生物起源的化学进化途径，而不是像"自然发生论"那样认为生物是从无机物中自发产生的。它抛弃了"自然发生论"中的神秘成分，增加了科学成分。况且，它又被实验所证实。因此，"化学起源说"是一种比较正确的理论学说。

现代生物学把生物起源的历史过程分为三个阶段：①从无机小分子形成有机小分子；②从有机小分子形成生物大分子；③从生物大分子形

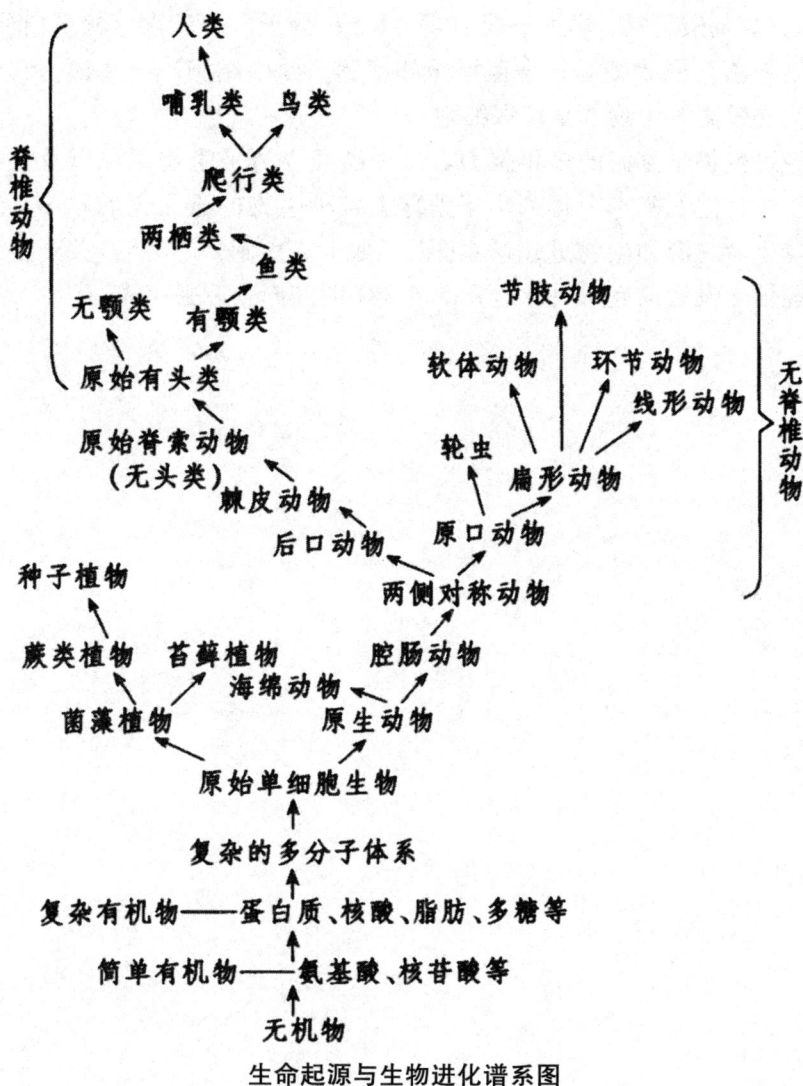

人类

哺乳类　鸟类

爬行类

两栖类

鱼类

脊椎动物

无颚类　有颚类

原始有头类

节肢动物

软体动物　环节动物

线形动物

无脊椎动物

原始脊索动物
（无头类）

棘皮动物

轮虫

扁形动物

后口动物　原口动物

种子植物

两侧对称动物

蕨类植物　苔藓植物

腔肠动物

海绵动物

菌藻植物　原生动物

原始单细胞生物

复杂的多分子体系

复杂有机物——蛋白质、核酸、脂肪、多糖等

简单有机物——氨基酸、核苷酸等

无机物

生命起源与生物进化谱系图

成原始生物。

另外，有的生物学家还指出，生物是按照以下顺序产生、进化的：

化学元素（C、H、O、N）→无机物（CO_2、H_2O、NH_3）→有机物

（甲烷、氨基酸、核苷酸）→类病毒（RNA 分子）→病毒（核蛋白分子）→原始细菌（原始细胞）→蓝绿藻和细菌（原核细胞）→真菌（真核单细胞）→较高等生物（真核多细胞）。

　　经过生物学家们的多年努力，迄今已经弄清了生物起源以及生物进化的规律。他们基本上排列出了地球上各种生物的进化先后顺序，绘制出了"生命起源和生物进化谱系图"（如下表所示）。当然，关于生物起源问题依然没有彻底解决，这有待于少年朋友们今后去完成。

十、人类最初是从哪里来的

——关于人类起源的争论

在我们居住的地球上，有各种各样的人，如黄种人、白种人、黑种人等。这些人又组成各种民族和各个国家。他们虽然在皮肤、语言、形态以及生活环境等方面有着很大的差异，但是，在人体的组织结构（如他们都有大脑和四肢）和基本生存需要（如都需要吃、穿、住）等方面都是相同或相似的。

这些人最初是从哪里来的呢？在前文中，我们已经对少年朋友阐述了，人类是在动物特别是哺乳动物的基础上进化发展而来的。但是，人类究竟是从哪种动物起源的呢？人类的进化过程是怎样的呢？是什么因素或者力量促进人类产生和进化的呢？分布在地球上各个地区的不同种族的人，最初是从同一个地区产生、演化出来的呢，还是从他们当地产生、演化出来的？

这些问题就是关于人类起源方面的重要问题。长期以来，生物学家和人类学家一直对这些问题进行探索，形成了各种不同的观点，围绕着这些问题也展开过激烈的争论。

（一）"人猿同祖论"与"上帝神创论"之争

1."人猿同祖论"简介

1809 年，法国动物学家拉马克（1744—1829）出版了《动物学的哲学》一书。在这本书中，他认为，现代生物是从古代的生物进化而来的，生物不是上帝创造的。人是由高级的猿类进化而来的。拉马克最先创立了生物进化论。

1859 年，英国生物学家达尔文（1809—1882）出版了一部名叫《物种起源》的生物学著作。他在书中，系统地阐述了生物进化论，被人称为进化论的奠基人。

1871 年，达尔文出版了另外一部名叫《人类起源与性的选择》的书。他在书中指出，人类和现代的类人猿有着共同的祖先，人类是由古猿进化而来的。

1863 年，英国博物学家赫胥黎（1825—1895）积极支持并宣传达尔文的进化论。他出版了《人类在自然界的位置》一书，第一次明确提出了"人猿同祖"的理论。他认为，"人类或许同样是类人猿渐次变化而成，又或是和类人猿的共同祖先分支变化而成的"。

可见，"人猿同祖"理论是由英国生物学家赫胥黎最先创立的。他科学地回答了人类起源的问题，为人们进一步研究人类起源奠定了科学基础。

2. "上帝神创论"简述

"上帝神创论"比"人猿同祖论"产生得早，它是一种与"人猿同祖论"相反的非科学理论。

在我国古代，流传着"女娲造人"的神话传说。据说在远古时代，有一位名叫女娲的女神，她用泥土模仿着自己造出了男人和女人。然后，她又让这些男人和女人结婚，繁殖后代。于是，就产生了人类。

在古代埃及，据说有一位名叫哈奴姆的女神，她在陶器场里用泥土塑造了男人和女人，然后，她又让他们结婚，繁殖后代。

在西方，《圣经》中有上帝造人的说法。这类说法包括以下两种。

第一种说法认为，上帝用了 6 天时间创造出了天地万物。在第 6 天，上帝创造了一切生物以后，便模仿着自己创造出人类来。

第二种说法认为，上帝最初创造的是一个男人，他的名字叫做亚当。上帝让亚当独自在伊甸园里生活。以后，上帝从亚当的体内取下一根肋骨，用这根肋骨创造了一个女人，名叫夏娃。他们两人偷吃禁果，被上帝罚下人间，繁殖后代。于是，就产生出了人类。

《圣经》中叙说的上帝创造人

上述关于"上帝神创论"的传说在古代乃至近代、现代都一直流传着，许多人还深信这些说法。即使在科学技术高度发达的今天，仍然有许多信仰宗教神学的人还相信它。

当然，在古代，人们并非都相信"上帝神创论"。一些哲学家认为，人是从别的生物演变而来的，而不是上帝和神创造的。例如，古希腊著名哲学家阿那克西曼德（约公元前 610—约公元前 546）认为，人是由鱼演变而来的。鱼从水中登上陆地以后，便脱掉了身上的鳞，变成了人。我国古代哲学家庄子（约公元前 369—公元前 286）认为："青宁生程，程生马，马生人"。意思是说，"程"这种动物由"青宁"这种动物中产生出来，它又产生出了马，最后马又变成了人。这些看法虽然有些荒唐，但是，它们也反映了生物可变的思想，是对"上帝神创论"的一种抨击。

尽管如此，"上帝神创论"在古代和近代一直统治着人们的思想，宗教神学利用这个谬论愚弄百姓，欺骗人民。因此，当拉马克、达尔文、赫胥黎等人提出了"人猿同祖论"以后，自然引起了那些宗教信徒以及被蒙骗上当的人们的强烈反对，他们攻击"人猿同祖论"，迫害支持"人猿同祖论"的科学家和民众。于是双方展开了激烈的论战。

3. 激烈的论战——两个典型的例子

（1）赫胥黎与牛津主教的论战

1860 年 6 月 30 日，"英国科学促进协会"在英国牛津大学图书馆举行会议。这次会议是由一些反对进化论的学者如欧文等人和牛津主教威尔伯福斯等人发起的。他们的目的就是通过这次会议，反对进化论，攻击"人猿同祖论"，宣传"上帝神创论"。参加会议者达 1000 多人，达尔文没有到会，赫胥黎和英国科学家胡克参加了这次会议。

赫胥黎

会上，信仰"上帝神创论"的学者轮番上台发言，猛烈攻击达尔文的进化论和"人猿同祖论"。看来，"上帝神创论"将要取胜，整个会场都笼罩在这块乌云中，大有"黑云压城城欲摧"的骇人气势。

主持会议的牛津主教被这种气氛陶醉了。他认为，通过这次会议，可以铲除进化论和"人猿同祖论"，维护"上帝神创论"了。

于是，在上述学者发言完毕以后，牛津主教便以胜利者的姿态站起来说："达尔文进化论是一种魔鬼的语言，如果依照达尔文的意见，生物起源于原始的菌类，那么，蘑菇就成为我们人类的祖先了，这是绝对不可能的。"

接着，他又转过身来，向坐在他身旁的赫胥黎问道："既然赫胥黎教授提出'人猿同祖论'，那么，我请问，跟猴子发生关系的，是你的祖父呢，还是你的祖母呢？"

牛津主教本以为用这样的讽刺话语，就既可以让赫胥黎难堪，难以回答，又可以推翻"人猿同祖论"，维护"上帝神创论"，从而达到一箭双雕的目的。

听到牛津主教刺耳的话语，会场上发生了一阵骚动。人们纷纷被牛津主教的语言惊呆了，有的妇女甚至晕倒了。大家把目光都投向了赫胥黎，看看这位年轻的博物学家如何回击牛津主教发起的挑战。

赫胥黎站了起来。他强忍着心中的怒火，首先向与会者讲述了达尔文进化论和自己的"人猿同祖论"的思想内容。然后，他转过身来朝向牛津主教，用平静而又严肃的语调说道："一个人没有理由因为有猴子作为他的祖父而感到羞耻，如果有人费尽心机来过问他自己并不真实了解的科学问题，想要用花言巧语和宗教情绪把真理掩蔽起来，并企图把听众的注意力从争辩的真正焦点引到宗教偏见上去，那么，我倒是认为这种人更应当感到羞耻！"

赫胥黎既巧妙地回击了牛津主教的挑战，又坚持了进化论和"人猿同祖论"，赢得在场听众的阵阵喝彩，人们纷纷赞扬这位进化论捍卫者所具有的无畏精神和高尚品格。

接着，胡克也上台发言，抨击牛津主教不懂进化论，没有资格发言。结果，使得牛津主教哑口无言。这场论战以进化论和"人猿同祖论"取胜而告终。

以后，赫胥黎又与生物学家、反进化论者欧文等人展开了激烈的争论，这场争论一直持续到1863年才结束。

（2）美国著名的"猿猴诉讼"案

1926年，在美国达顿城的一所学校里，有一位信仰进化论的青年教师，名叫约翰·斯可北斯。一天，他在向学生们讲授生物发展史的时候说，人和黑猩猩是亲族，他们有共同的祖先，人类是从古代的类人猿进化而来的。可见，这位教师向学生们讲授的就是有关"人猿同祖论"的内容。

向学生传播科学的理论，让他们掌握科学知识，这本来是正常的现象，也是作为一名教师应尽的责任和义务，不足为怪。

19世纪讽刺达尔文的一幅漫画——《大猩猩向伯格先生救援》　受骗的大猩猩：此人要索取我的家谱，说自己是我的后裔中的一个。伯格先生：噢，达尔文先生，您怎么能如此侮辱他。

然而，当这些学生把老师在课堂讲授的"人猿同祖论"的有关知识向他们的父母讲述的时候，有些一贯崇信"上帝神创论"的家长，便大发雷霆。他们纷纷到法院去控告那位青年教师，企图通过法律来惩罚他，以此维护宗教，保护上帝。

当时，美国的一些地区规定，《圣经》上关于上帝创造人的说法是"真理"，不是迷信，应该把"上帝神创论"介绍给学生，不能把与之相反的知识传授给学生。这就是说，在当时的美国，"上帝神创论"占据着统治地位，被奉为至高无上的真理。任何人只能崇信它，而不能反对它、怀疑它。

可想而知，在这种情况下，美国法院当然会接受一些家长的诉讼，依据"法律"，于是向那位青年教师发出了传票，让他到法院去受审。

法院开庭审问了。法官根本不听那位教师的申诉，大声地向他责问道："你不该反对上帝，侮辱人类！人类是上帝的子孙，是上帝创造出来的，你宣传什么'人猿同祖论'，这是违反上帝的旨意，是在宣传异端邪教，你不该用这些异端邪教来教育我们的孩子！"

于是，他们强行判处那位教师有罪，罚款100美元，结束了这件案子。此后，一些中学被迫停止讲授进化论。

这样，在美国政府法律强行干预下，"人猿同祖论"竟然被判决失败了，"上帝神创论"依然成为统治人们的思想工具。真理处于谬误的牢笼之中，处于黑暗的世界中。这是历史的遗憾，更是科学的遗憾！

类似这样的案例在美国还有。例如，20世纪70~80年代，在加利福尼亚州和阿肯色州都先后发生了围绕在学校是否允许讲授进化论的问题展开了争论，最后上诉到法院。结果，同样没有得到公正、科学的裁决。

直到今天，在一些国家里，"上帝神创论"依然存在，依然束缚着人们的心灵。可见，真理与谬误之争，将是一个漫长而又艰苦的过程。虽然我们相信前途是光明的，然而，为真理而奋斗的道路将是曲折的。

（二）"单一起源论"与"多元起源论"之争

经过长期的争论，进化论逐渐被世人承认，"人猿同祖论"也随之成为一种科学的理论。人们已经普遍认为，人类是从古猿转变而来的，人类与现在的类人猿有着相同的祖先。

然而，"人猿同祖论"只是回答了人类起源中的主要问题，它还解决不了以下具体问题。

①现在的黄种人、白种人、黑种人，他们最早究竟是由同一种古猿演变来的呢，还是由不同种古猿演变来的呢？

②现在世界上的各种人是从某一地区的古猿演化而来的，还是从他们当地的古猿演化而来的呢？

为此，许多人类学家、考古学家、古生物学家在继承"人猿同祖论"的基础上，进一步对上面的问题展开研究，形成了许多种学说理论，相互之间又展开了激烈的争论。他们争论的内容主要有："同祖论"与"多祖论"之争、"系统说"与"迁徙说"之争等。这些争论都可归结为"单一起源论"与"多元起源论"之争。

1. "同祖论"与"多祖论"之争

"同祖论"认为，现在世界上的各种人都属于同一种人——"智人"（即"有智慧的人"，属于古人类物种中的一种，由猿人演化而来）。他们有着共同的起源，是从同一种古猿进化而来的。持这种观点的人有：瑞典生物分类学家林奈（1707—1778）、法国博物学家布丰（1707—1788）、德国人类学家布罗门巴哈等。

"多祖论"则认为，现在世界上的各种人不是属于同一人种，而是属于不同人种，他们彼此没有什么亲缘关系，各自有着不同的祖先，分别由各自的祖先进化而来的。持这种观点的人有：英国人类学家盖姆斯等。他在所写的《人类历史简观》一书中，大肆宣扬"多祖论"思想。

可见，"同祖论"与"多祖论"的观点是截然相反的，他们相互间自然产生了争论。例如，18世纪，德国学者布罗门巴哈等人曾经与英国学者盖姆斯等人展开了激烈的论战。直到达尔文创立了进化论以后，这场论战仍未结束。

现代人类学家和生物学家已经普遍赞同"同祖论"的观点。他们认为，世界上的各种人种，他们虽然在肤色、身材、体型等方面有所不同，但是，他们的遗传性状却是相同的。例如，不同人种之间可以相互通婚，并且能够生出健康、有正常生育能力的后代。另外，除了黄、白、黑三种人种以外，还有一些人，如南西伯利亚人、大洋洲人等都属于中间类型的人种，他们属于介乎黄、白或黄、白、黑之间的人种。这说明，黄、白、黑三种人种也是相互联系的，也是由同一祖先进化而来的。

那么，现代人的共同祖先是谁呢？研究表明，现代人的远古祖先是森林古猿，它们生活在距今2000万～3000万年以前的原始森林里，以果实和树叶为食。它们不仅是我们人类的祖先，而且是现代的黑猩猩、大猩猩、猩猩以及长臂猿的祖先。

到了距今1200万～2000万年以前时，地球上发生了巨大变化，森林古猿分成了3支古猿：原康修尔猿、黑猩猩的祖先、大猩猩的祖先。其中，原康修尔猿又分化出两支古猿：西瓦古猿和腊玛古猿。

西瓦古猿以后进一步演化为现代的猩猩，腊玛古猿以后又分化为南方古猿。南方古猿经过早期猿人→晚期猿人→早期智人→晚期智人，最后进化成现代的人类（如下页插图所示）。

2. "系统说"与"迁徙说"之争

"系统说"认为，世界各地区的人种不是从一个地区演化而来的，不可能在几万年内由一个地区向外扩展而形成现在的各种人种。各地区的人种是由当地的古人类演化而来的。在进化过程中，各地人种相互进行遗传物质的交流（如通过相互通婚等方式），从而促进了各地区人类的进化发展。

"迁徙说"则认为，世界各地区的人种最初是由一个地区的原始人类产生出来。然后，他们向世界各地迁徙，逐渐取代了其他地区的原始人类，进化成现代人类。例如，现在的美国等地区原来只生活着印第安人，后来，欧洲的白人进入美洲，并逐渐发展，成为美国人的一个主要组成部分；再后来，世界各地的不同人种纷纷来到美国，使美国成为一个多人种共存的国家。

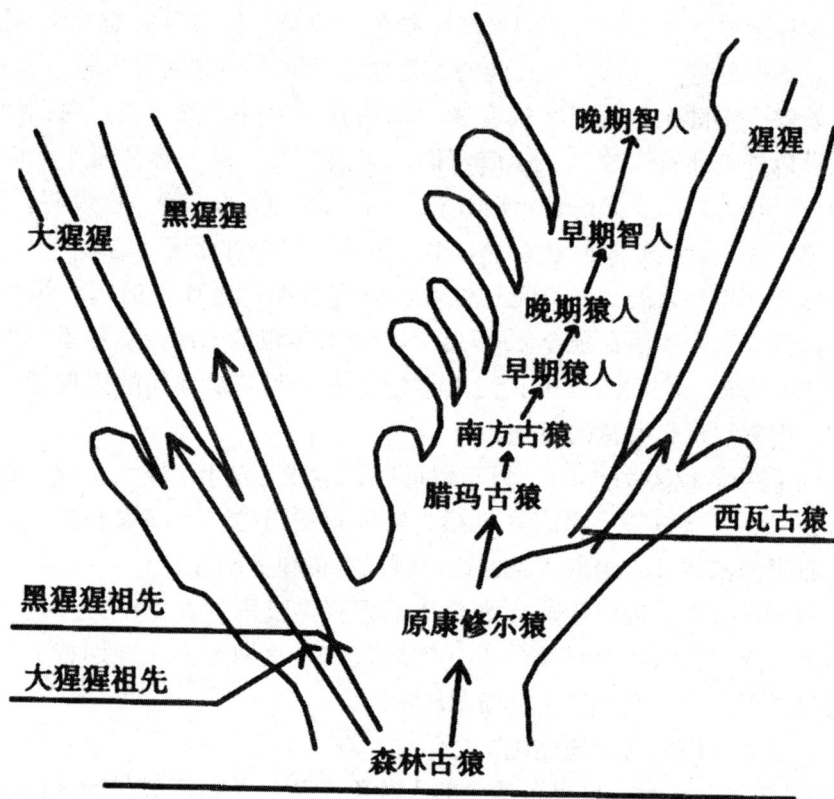

人类起源谱系树示意图

现代生物学、人类学研究表明，"系统说"与"迁徙说"各有缺点和不足。"系统说"过多地强调不同地区的人种是在当地起源的，忽略了他们之间的密切关系；"迁徙说"则过分强调了人种的单一起源，忽视了他

们在起源与进化过程中，不同地区人种起源的可能性，忽视了各地区人种之间的遗传物质的交流。

南方古猿的生活情景

实际上，世界各地区人种的起源情况是很复杂的，各地人种既不单是由于远古人类的隔离而独立进化形成的，也不都是为外来人群所代替而形成。各地区人种在进化过程中，一方面与当地的祖先有着直接的继承关系，另一方面又与相邻地区的其他人种进行交流，最后在综合的基础上形成了现代人类。

当然，迄今在地球的一些封闭地区还生存着仍然保持原始状态的人群，他们与世隔绝，仍然保存着自己的种族和文化。但是，随着各地科技与文化的发展与交流，他们也将会被纳入世界各民族的交流与融合的潮流中去。世界各民族的人种将会在相互交流与融合中得到迅速发展。

（三）"亚洲说"与"非洲说"之争

人类起源的地点在哪里呢？生物学家和人类学家们经过研究发现，在南极洲，最高等的陆上动物是企鹅。企鹅属于鸟类，它们没有哺乳类动物那样高级。因此，人类不可能起源于南极洲。

澳洲既没有猿猴化石，也没有其他高等哺乳动物化石，人类也不可能起源于澳洲；美洲只有最低等的猴类化石，没有人类的远古祖先——古猿的化石，所以，人类也不可能起源于美洲。

于是，科学家们推测，南极洲、澳洲和美洲不可能是人类起源的地区。

接着，科学家们便把目光投向欧洲、非洲和亚洲，试图在这片广阔的大地上，探求人类起源的地点。

在亚、非、欧三大洲，考古学家们都发现过第三纪中新世及其以后的猿类化石。然而，在这些化石中，属于中新世以后的人科化石，只存在于亚洲和非洲，在欧洲发现的化石大部分不属于人科化石，只属于其他猿类化石。另外，考虑到人类可能最先起源于较热的地区，而欧洲大部分属亚温带或寒冷地区。因此，科学家们推测，人类不大可能起源于欧洲。

剩下的就是亚洲和非洲了。究竟人类起源于亚洲还是起源于非洲？考古学家们依靠各自的考古研究成果，分别提出了关于人类起源于亚洲的"亚洲说"和起源于非洲的"非洲说"，双方展开了激烈的争论。

1. "非洲说"最先产生

1871年，达尔文出版了名叫《人类的由来及性选择》的人类学著作。在书中，达尔文认为，人类起源于非洲，因为现在的猿类中与人最相近的大猩猩和黑猩猩都生活在非洲。达尔文的观点受到当时人们的普遍承认。于是，关于人类起源于非洲的"非洲说"观点最先形成，并在当时

考古学家们依靠各自的考古研究成果，分别提出了关于人类起源亚洲的"亚洲说"和起源非洲的"非洲说"。

盛行开来。

2. "亚洲说"随后形成

1889 年，荷兰医生杜布瓦在印度尼西亚的爪哇地区发现了猿人化石。他把这种化石叫做"爪哇猿人"化石，这种猿人被认为是"直立猿人"（指猿人能够直立行走）。这是在亚洲地区较早发现的猿人化石。

1895 年，当杜布瓦在莱顿召开的动物学会上发表关于"爪哇猿人"的论文时，遭到一些学者特别是宗教信徒的反对和攻击。有的学者认为，"爪哇猿人"不是人类的祖先，而是猿猴的祖先。宗教信徒们则把杜布瓦的观点说成是"异端邪说"、"大逆不道"。面对这些人的攻击，杜布瓦非常恼火，一气之下，他把"爪哇猿人"化石标本锁在自己的保险箱里，不让它与世人见面。这样，"爪哇猿人"竟然在杜布瓦的保险箱中沉睡了28年之久！可见，不正常的争论阻碍了对人类起源的研究。然而，不管怎样，杜布瓦发现的"爪哇猿人"化石充分说明，人类可能起源于亚洲，从而把人们的目光由非洲引向了亚洲。

1929年12月，中国地质学家裴文中和加拿大解剖学家步达生在北京周口店发现了"北京猿人"化石（在抗日战争时期，"北京猿人"化石不幸丢失，至今下落不明）。1932年，美国学者刘易斯等人在印度和巴基斯坦北部交界处，发现了腊玛古猿化石。这再次证明，人类可能起源于亚洲，而不是非洲。

另外，亚洲又是猩猩和长臂猿主要分布的地区。这样，关于人类起源于亚洲的"亚洲说"逐渐形成了，它取代了"非洲说"，成为当时被人们普遍承认的学说。

3. "非洲说"东山再起

1924年，南非解剖学家达特在塔昂地区发现了"南方古猿非洲种"。

北京猿人的生活情景

1925 年 2 月，他把这个发现在英国《自然》杂志上发表，并且指出，"南方古猿非洲种""是现存的类人猿与人类之间的一种中间类型的动物"。然而，达特的观点却遭到一些权威学者的反对。他们认为，达特的"南方古猿非洲种"的脑容量只有 400 多立方厘米，太小，它不是与人类有关的类人猿。

1936 年～1951 年，英国古生物学家布鲁姆先后发现了许多南方古猿化石。

1959 年～1973 年，英国人类学家路易斯·利基在东非坦桑尼亚北部发现了"南方古猿鲍氏种"、"能人"等 200 多个人类化石。

上述一系列考古发现表明，人类起源的地点可能在非洲而不在亚洲。于是，"非洲说"又开始取代"亚洲说"。

近年来，考古学家们先后在印度尼西亚和我国云南等地发现了一些化石。关于人类起源的"亚洲说"又有了兴盛之势。

例如，据《科技日报》报道：1985 年 10 月 13 日，我国古人类学家黄万波教授和他的同事（曾经发现了蓝田直立人、和县直立人）在四川省巫山县龙骨坡发掘出距今 200 万年前的巫山人化石。这说明，中国很可能是世界上早期人类的发源地之一。1997 年 10 月中旬，他们又在龙骨坡遗址发现了一批距今 200 万年的石器，从而把中国的史前文化向前推进了将近 100 万年（载于《科技日报》，1998.6.13）。1998 年 6 月 14 日，中国地质学家闵隆瑞等人在河北省阳原县首次发现了古人类头骨化石，该化石被古人类学家贾兰坡教授等人鉴定为智人化石（载于《科技日报》1998.7.16）。

关于人类起源，我国著名古人类学家贾兰坡认为："人类既非起源于蒙古高原，也非起源于非洲，而是起源于东亚大陆的南部，即巴基斯坦以东及我国西南广大地区"（载于《光明日报》，1998.7.7）。另一位学者莫鑫泉认为，"黄种人和中华民族的祖先诞生于亚洲"（载于《科技日报》，1998.6.30）。

关于中国南北两大地区（以长江为界）的两大人类种群是起源于共

同祖先，还是起源于不同祖先的问题，美籍犹太族人类学家魏敦瑞通过对北京猿人头盖骨的研究认为，"北京猿人是我们的直接祖先"。这一观点得到了一些古人类学家的赞同。通过对以后各地挖掘出的古人类化石进行综合分析，我国学者张振标认为，"现代中国南北两地区的人类可能由南北两地的直立人发展而来，而且，这两地猿人祖先可能来自我国南部年代更早的猿人（如元谋人），甚至有可能是南亚地区的直立人（猿人），并非全起源于北京猿人"（载于《科技日报》，1998.7.4）。

总之，通过考古学家以及古人类学家的不断努力，人们基本上把关于人类起源的认识从以往的"非洲起源说"转向"亚洲起源说"。这说明，人类对自身起源问题有了进一步的认识。

上述可见，半个多世纪以来，关于人类起源地点的"亚洲说"与"非洲说"，你来我往，相互争执，其过程经历了由"非洲说"到"亚洲说"，再由"亚洲说"到"非洲说"，最后又回到"亚洲说"的几次转换，使得这场争论曲折复杂，跌宕起伏。在争论过程中，虽然不免遭到了宗教神学势力的攻击，但是，大多数科学家都能以实地考古发现的化石为依据来阐述自己的观点，与对方展开争论，从而促进了人类学的发展。这种以实践实证的态度和方式研究人类起源，开展学术争论的做法和态度是有益的、正确的。

（四）"劳动创造说"与"劳动选择说"之争

"劳动创造说"与"劳动选择说"之争，是20世纪80年代以来，在我国自然辩证法学术领域中，围绕人类起源的动力等问题而展开的一场学术争论。这场争论持续的时间虽然不太长，却在学术界产生了不小的影响。

1. "劳动创造说"的由来

"劳动创造说"是恩格斯在他写的《自然辩证法》这部书中提出

来的。

在这部书中，恩格斯针对人类起源问题专门写了一篇文章，题目叫做《劳动在从猿到人转变过程中的作用》。在这篇文章中，恩格斯首先提出了"劳动创造人本身"的观点，然后，具体阐述了人类在从猿进化过程中，劳动所起到的重要作用。他指出，劳动使猿人能够从原来的爬行、攀拉树枝，转变成能够在陆地上直立行走，手脚功能分离，能够用手制造工具，从而由猿转变成为人；通过劳动，发明了火，由生食改为熟食，促进了大脑机能的发育；劳动能够促进语言和文字的产生，促进人类社会的进化与发展。

这里，笔者把恩格斯提出的"劳动创造人本身"的观点称为"劳动创造说"。恩格斯的上述观点对于帮助人们了解人类起源与进化的过程，指导人们进一步研究人类起源问题都起到了重要作用。

但是，随着人类起源问题研究的逐步深入，我国的一些学者认识到，恩格斯的上述论断本身存在一些问题，人们对恩格斯论断的理解和认识也存在着问题。于是，便展开了激烈的争论。争论的内容很多，"劳动创造说"与"劳动选择说"之争，就是其中之一。

2. 争论的第一回合：创造人的是否是"劳动"

这场争论是由我国生物学史研究专家、中国科技大学教授张秉伦先生等人率先发起的。

1981年，张先生等人在《自然辩证通讯》杂志1981年第1期发表了题为《"劳动创造人"质疑》的学术论文。在这篇文章中，作者阐述了以下主要观点。

第一，以往人们把恩格斯提出的"劳动创造人本身"这半句话理解为劳动在从猿到人转变过程中起着"决定性的作用"，"劳动使猿变成了人"，"劳动创造人"等。这种认识是不正确的，他们没有全面理解恩格斯论断中的真正含义。

第二，应当把恩格斯关于"劳动在从猿到人转变过程中的作用"理解为劳动在人类自身发展过程中所起到的作用。

第三，人类既不是由制造工具的"真正劳动"创造的，也不是由猿人的天然活动创造的。猿人的活动只是影响人类产生的一个外部因素，而不是唯一的决定性因素。

第四，恩格斯写这篇文章的主要意图在于，揭露资产阶级的机会主义理论。

可见，张先生在这篇文章中，除了指出恩格斯给"劳动"下的定义与文章的标题发生矛盾以外，主要是针对以往人们对恩格斯论断的片面理解提出了批评，并阐述了自己的观点。

1982 年，刘敏中等学者在《黑龙江大学学报》1982 年第 3 期发表了题为《形而上学的迷雾和从猿到人的辩证法》的文章，对张先生等人的上述观点进行了反驳。

在这篇文章中，作者站在维护恩格斯论断的立场上，指出应当对"劳动"概念的含义进行辩证性的理解，应当"把劳动理解为从猿的萌芽性'劳动'一直到人类的真正'劳动'的历史过程的一个概括"。通过这样的"劳动"，经过猿的阶段→猿、人中间阶段→人的阶段，最后达到人的产生。可见，作者把猿的活动和人的真正劳动统称为"劳动"，认为这样做，就可以科学、准确地认识和理解恩格斯论断的真正含义了。

这一回合的争论结束以后，双方没有继续进行辩论，似乎想让读者去评判谁是谁非。

3. 争论的第二回合：是劳动创造人还是劳动选择人

争论的第一个回合结束后，上海市社会科学院朱长超先生与另一位学者张系朗先生围绕着是"劳动创造人"，还是"劳动选择人"的问题展开了争论。

1981 年，朱先生在《自然辩证法通讯》杂志 1981 年第 5 期上发表了一篇题为《是劳动创造了人，还是劳动选择了人》的论文。

在这篇文章中，作者首先反驳了前文中提到的张秉伦先生的观点。他认为，恩格斯提出的"劳动在从猿到人转变过程中的作用"，不是像张秉伦先生所说的那样，是指"劳动在人类自身发展中的作用"，而是指

围绕恩格斯"劳动创造说"的争论颇为激烈。

"劳动在人类产生中的作用","劳动创造人"的观点正是恩格斯的基本观点。

　　接着，朱先生就对恩格斯关于"劳动创造人"的观点发出质疑。他认为，恩格斯对"劳动"下的定义与他自己所说的"劳动创造人"的观点是相互矛盾的。恩格斯说，只有人的活动才是"劳动"，猿的活动不是"劳动"。既然这样，劳动怎么能够创造人呢？因为按照"劳动创造人"的观点，应该是劳动在前，人在后，而在人之前的是猿，是猿在劳动，猿在劳动中转变成人。然而，恩格斯又说猿的活动不是"劳动"，这难道不矛盾吗？

朱先生还认为，恩格斯利用拉马克进化论中关于获得性遗传的理论（这已经在前文讲过了），论述人类起源与进化的过程，这是不科学的。他主张，应当运用达尔文的自然选择原理来解释人类的起源与进化问题。

朱先生把猿的活动称为"低级劳动"或"劳动的萌芽"。他认为，根据自然选择原理，生物在进化过程中，适应自然环境的就生存下来，不适应的就被淘汰了。在由猿转变成人的过程中，学会使用天然工具的古猿由于适应了环境的变化（指的是由原来在树上生活转变为在陆地上生活。在树上生活时，猿不需要劳动，只要吃树上的果子就能生存下来；而在陆地上生活，必须学会运用木棒等天然工具防身、捕取猎物，否则就会死亡），因而能够生存下来，以后在劳动中又学会制造工具，能够进行真正的劳动，最后产生了人。就是说，在猿转变成人的过程中，是"劳动"这个过程，使古猿经受住了自然选择的作用，最后变成了人。因此，朱先生认为，劳动不能创造出人，是劳动选择了人，只有能进行某些活动的猿（而不是其他种猿）才会劳动，并在劳动中转变成了人。

总之，朱先生的观点是：①"劳动创造人"是恩格斯的基本观点；②恩格斯的论述自相矛盾，因此，应当把猿的活动看成是低级的劳动，把人的劳动看成是高级劳动，二者是同一个过程中的两个阶段；③不是"劳动创造了人"，而是"劳动选择了人"。此外，复旦大学赵寿元教授于1980年～1981年撰写了文章，分别发表于《自然辩证法学习通讯》1980年第4期和《复旦大学学报·社科版》1981年第1期。作者在上述文章中，也提出了"劳动选择人"的观点。

朱先生的上述观点立即遭到了张系朗先生等人的反对。他们在《东岳论丛》（济南出版的杂志）1984年第1期发表了题为《应该怎样理解恩格斯"劳动创造人"的论断》的文章。在这篇文章中，他们反对朱先生的观点，认为恩格斯的观点是正确的。

4. 争论的第三回合："两种劳动说"对吗

在上述争论中，有人（如朱长超）提出把"劳动"分为猿的低级、无意识"劳动"和人的高级、有意识"劳动"两种类型或两个阶段。这种观点被称为"两种劳动说"。

四川教育学院周作云先生在《自然辩证法通讯》杂志1981年第5期发表了一篇题为《评"两种劳动说"》的文章，对上述"两种劳动说"的观点进行了批评。他认为，把猿的活动说成是低级、无意识劳动的观点"实乃子虚乌有之说"，是错误的观点，根本不存在这样的劳动。用"两种劳动说"解释不了恩格斯"劳动创造人"这一观点的真正含义。

5. 争论暂告结束：探讨人的本质，维护恩格斯的论断

既然"两种劳动说"是错误的，"劳动选择说"也是不正确的，那么，如何理解"劳动创造人"的真正含义呢？

复旦大学许志远先生也在《自然辩证法通讯》杂志1981年第5期发表了一篇题为《劳动创造"智人"》的论文。

他认为，要真正把握住"劳动创造人"的观点，必须正确理解其中"人"的本质。他说，恩格斯在这里所说的"人"并不是指猿和现代人的中间类型，也不是指现代高度发达的人，而是指"智人"〔人的起源大体上经过森林古猿→拉玛古猿→南方古猿→（早、晚期）猿人→（早、晚期）智人等阶段〕。只有把"劳动创造人"理解为"劳动创造'智人'"，才能既避免在"劳动"概念问题上产生争议，又能准确理解恩格斯论断的真正含义。

我国学者李清和先生在《云南社会科学》杂志1985年第1期发表了题为《人的定义与从猿到人的转变的科学研究》的文章。他认为，这场争论的实质在于人的定义即人的本质问题。他主张，人的本质不仅仅是"创造和使用工具的动物"，而应当是"有意识的生命活动的高等动物，表现为一切社会关系的总和"。人的本质在于，人是一切社会关系的总和。他通过自己关于人的定义，论述了从猿到人转变的过程，从新的人类学角度（不再仅从生物学角度）阐述恩格斯关于"劳动创造人"的真正含义。

至此，这场争论暂告结束了。争论的结果，虽然绝大多数的学者还

是维护了恩格斯的"劳动创造人"的观点，但是，这场争论使人们对"劳动"和"人"的概念有了科学的认识和理解，也促进了人们对人类起源与进化规律的研究。因此，这场争论所起到的作用还是积极的。

尤其值得提倡的是，争论双方都能通过自己的论证，反驳对方，充分阐述自己的观点，从而达到了畅所欲言、各抒己见、相互交流、取长补短的目的，不再出现像苏联和我国 20 世纪 50～60 年代发生的"摩尔根学派"与"米丘林学派"争论那样，受到行政干涉的不正常现象了。这应当归功于我国改革开放以来的大好形势，归功于党中央"百花齐放、百家争鸣"的方针政策的指导。

总之，关于人类起源问题，虽然经过几场争论，但仍然没有得到根本解决，争论还可能发生，还会持续进行。希望少年朋友们好好学习，以良好的态度和方式参加争论，彻底揭开人类起源之谜。

十一、其他科学争论简述

1. $\sqrt{2}$是不是数

毕达哥拉斯（公元前582—公元前500）是古希腊时代著名的数学家和自然哲学家。他把"数"看成是宇宙中一切事物的本原，认为宇宙万物都是由各种"数"组合而成的。他还组成了一个专门研究数学的团体。后人采用他的名字，把这个团体命名为"毕达哥拉斯学派"。

这个学派的人发现了一条几何学定理，这就是"直角三角形两边平方之和等于斜边的平方"。如果用字母 a 和 b 分别代表直角三角形中的两条直角边的长度，用 c 代表斜边的长度，那么，这个定理的内容就可以用下面简单的数学公式来表示了：$a^2+b^2=c^2$。人们把这个定理称为"毕达哥拉斯定理"。

其实，早在公元前12世纪的我国西周时期，有一位名叫商高的学者就发现了上述定理，后人把这个定理称为"商高定理"（有人也把这个定理叫做"勾股定理"）。商高比毕达哥拉斯学派提早600多年发现了这个定理，这充分反映出我国古代劳动人民的聪明才智。

毕达哥拉斯学派发现了上述数学定理以后，非常高兴，特意举行大会以示庆贺。

然而，当他们继续研究上面的数学公式时，便被一个意想不到的结果惊呆了。

原来，他们发现，在 $a^2+b^2=c^2$ 这个公式中，当 $a=b$ 时，就会有 $a^2+a^2=c^2$，也就是 $2a^2=c^2$，其结果是 $c/a=\sqrt{2}$。

由此可见，当 a 与 b 相等时，就会出现一个他们从未看到过的结果 $\sqrt{2}$。现在有的少年朋友已经知道，$\sqrt{2}$ 是个无理数。然而，在古希腊时代，人们只知道有理数、整数，从来没有想到会有这样的数。

那么，$\sqrt{2}$ 究竟是什么呢？是不是数呢？于是，人们展开了激烈的争论。

由于毕达哥拉斯学派只相信自然界中存在着整数，并认为自然界中的万物也是由各种整数组合而成的。现在却出现了 $\sqrt{2}$ 这个从来没有见过的数，并且，它的确存在着。因为按照毕达哥拉斯定理，当直角三角形的两个直角边的长度都是 1 的时候，它的斜边长度就是 $\sqrt{2}$。用公式表示就是：$1^2+1^2=(\sqrt{2})^2$。

眼前的现实冲击着他们对整数的传统信仰。他们本来应当勇敢地面对现实，认真研究。但是，他们却不承认 $\sqrt{2}$ 是数，反而把它称为几何量。更为严重的是，他们还把最早发现 $\sqrt{2}$ 的一个名叫希帕索斯的数学家扔进了大海，企图把他淹死，以此惩罚他。可见，极端保守的观念，带来了愚蠢、野蛮的行为。

在以后的争论中，希腊人终于认识到自己的缺陷，经过进一步研究，取得了很大成果。例如，数学家欧几里得（约公元前 325—约公元前 270）研究几何学，出版了《几何原本》这部数学巨著，创立了欧几里得几何学理论体系；哲学家、科学家亚里士多德出版了《工具论》这部科学著作，创立了逻辑学的公理体系。后来，人们发现了无理数，从而加深了对 $\sqrt{2}$ 的认识（人们把像 $\sqrt{2}$ 这样的数叫做无理数），也使得这场争论终于有了一个完整的结局。

2."平行公理"是否可证明

欧几里得是古希腊的著名数学家。他一生勤奋钻研几何学，写出了《几何原本》。在这部长达 13 卷的著作中，他阐述了许多条几何公理，以便供人们使用，从而为几何学的发展作出了巨大贡献。

在欧几里得的众多几何公理中，有下面这样一条公理：

他们还把最早发现√2的一个名叫希帕索斯的数学家扔进了大海。

"如果一条直线与两条直线相交，它们所构成的两个同侧内角之和小于两个直角，那么，这两条直线一定在那两个内角的一侧相交。"如下图。

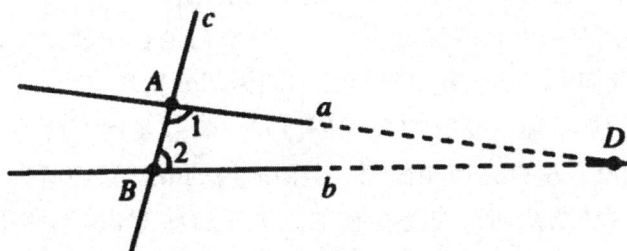

在图中，直线 a 与直线 b 各自与直线 c 在 A 点和 B 点处相交，∠1 与∠2 是它们相交后所形成的同侧内角。按照上面的公理规定，如果∠1＋∠2＜180°，那么，直线 a 和直线 b 将在 D 点处相交。

这条公理就是在初等几何学中所谓的"平行公理"。然而，有的数学家对它提出了质疑。

他们为什么对这条平行公理产生怀疑呢？这是因为，他们认为，这条公理不是一条独立的、不需要证明的公理，而是需要证明的定理。因此，他们不同意欧几里得把它列入到公理中去，而主张把它列为定理，应重新证明这条定理。这正如数学家普罗克尔所说的那样，平行公理"应当存在证明"，"应当把它从公理之列取消掉"，主张把这条公理改名为定理。因为"公理"无需证明，而"定理"则是需要证明的。

那么，这条"平行公理"究竟需不需要再证明呢？它究竟属于公理还是定理呢？围绕这个问题，在数学界展开了一场长达2000多年的争论！

德国近代数学家高斯（1777—1855）在研究中指出，"平行公理"在欧几里得几何中是不可证明的，存在着与欧几里得几何完全不同的另外一种特殊的几何。但是，高斯始终没有宣布它是什么样的几何。

匈牙利数学家亚·鲍耶（1802—1860）则认为，"平行公理"不可证明，他发现了另一种特殊几何。但是，他的发现没有引起学术界的注意。

俄国数学家罗巴切夫斯基（1792—1856）不仅指出平行公理不可证明，而且，他还创立了一种新的几何学——"泛几何学"。后人把这种新几何学叫做"罗巴切夫几何"，以颂扬他的业绩。

1854年，有一位名叫黎曼（1826—1866）的德国数学家，创立了另外一种新的几何学。后人把这种新几何叫做"黎曼几何"。

后来人们把上述"罗巴切夫几何"和"黎曼几何"统称为"非欧几何"，以此与欧几里得几何相区别。上面所说的数学家们所推出的古怪命题，在这些"非欧几何"中是存在的。关于这些知识，少年朋友们以后会学到的。

至此，数学家们经过2000年的持续争论和不断探索，终于得出了正确结论，而且还完成了伟大的发现。这就是：①"平行公理"在欧几里得几何中是存在的，是不可证明也无需证明的。它是一条公理而不是一个定理。②发现了不同于欧几里得几何的另外两种特殊的"非欧几何"。在这样的几何中，"平行公理"是不存在的。

3. 虚数有无意义

与 $\sqrt{2}$ 一样，虚数的产生也引发了一场争论。1545 年，意大利数学家卡当在解一元二次方程 $x^2-10x+40=0$ 时，得出了这样两个根：$5+\sqrt{-15}$ 和 $5-\sqrt{-15}$。可见，其中的 $\sqrt{-15}$ 是他以往不曾见过的负数的平方根。卡当对于这样的根既不回避，也不否定，而是承认存在着负数的平方根。这里，卡当虽然没有使用"虚数"来表示负数的平方根，但实际上"虚数"已经产生了。

"虚数"虽然产生了，但是它究竟是否合理？是否有用？对于这个从来没有见过的数，应当如何看待呢？于是，围绕这个问题，在数学家们中间展开了争论。

英国物理学家牛顿和德国数学家莱布尼茨由于对虚数的本质不理解，他们对虚数抱着消极态度。牛顿认为虚数没有物理意义，莱布尼茨则把虚数称为"不可思议的神灵避难所"。

然而，许多数学家却积极地研究虚数。例如，1637 年，法国数学家笛卡尔（1569—1650）在他的《几何学》一书中，第一次发现了虚数，并认为虚数根是存在的。1685 年，英国数学家瓦里斯在他的《代数》一书中认为，虚数在直线上虽然难以表示，然而在平面上（如在土地测量中）是可以表示的。

到了 18 世纪，瑞士数学家欧拉（1707—1783）第一次用 i 表示 $\sqrt{-1}$。他认为负数的平方根可以用虚数表示。

1831 年，德国数学家高斯第一次发明了"复数"这个术语，并用 i 表示虚数。他认为，复数包括实数和虚数，从而建立了复数系。

到此，虚数和复数得到了普遍承认和广泛应用，从而结束了长达 300 多年的争论。

4. 万有引力是什么样的力

万有引力定律是英国物理学家牛顿创立的。然而，围绕万有引力是一种什么样的力这个问题，存在着两种学说：一种是"磁力说"，另一种是"以太漩涡说"。

"磁力说"是英国物理学家吉尔伯特创立的。他认为，太阳、地球、月亮和其他行星都是具有磁性的天体，它们之间通过磁力相互作用。地球是一个大磁体，它用磁力来吸引其他物体。因此，他认为，万有引力就是上述物体或天体本身具有的磁力。"磁力说"产生出来以后，便得到德国天文学家开普勒（1571—1630）、英国物理学家胡克（1635—1703）等人的支持。

"以太漩涡说"最早是法国哲学家和科学家笛卡尔（1569—1650）提出来的。

那么，什么是以太呢？笛卡尔认为，以太是宇宙空间中存在着的物质，它是一种无形的物质。他认为，宇宙空间到处都充满着以太，它们之间相互作用产生了圆周运动。由于它们各自的运动方向不同，因此，便形成了许多漩涡，就像江河中所形成的漩涡一样。各种漩涡分布在太阳的周围，它促使行星进行圆周运动。可见，笛卡尔认为，万有引力就是宇宙中的以太物质所形成的漩涡对行星产生的作用力，这种力是从以太漩涡中产生出来的。比如，当漂流在水面上的物质（树叶等）遇到漩涡时，它就被吸引过来，跟随漩涡旋转。

"漩涡说"产生以后，在欧洲各国产生很大影响，许多科学家如惠更斯、牛顿等人都支持"漩涡说"。

于是，"磁力说"与"漩涡说"各抒己见，争论不休。

到了19世纪，爱因斯坦从英国物理学家法拉第创立的电磁感应定律以及麦克斯韦（1831—1879）发现的电磁波中受到启发，主张万有引力不是力，而是一种引力场。恩格斯认为，万有引力是物体之间的一种相互作用力，是物体自身所具有的属性。恩格斯的论断对于指导人们继续探讨万有引力的本质具有积极的作用。

5. 物体运动的量度是什么

这场争论是由意大利物理学家伽利略（1564—1642）引起的。伽利略在研究中发现，物体运动时所具有的动量（动量是表示物体运动性质的物理量）是由这个物体的质量和它的运动速度决定的，物体运动速度越大，那么，它的动量也越大。

法国著名哲学家和科学家笛卡尔赞同伽利略关于动量的观点，他还用 mv 来表示物体运动的动量。其中，字母 m 表示物体的质量，v 表示物体运动的速度，mv 则是物体的动量。

笛卡尔的上述观点得到了牛顿等人的支持。但是，到了 17 世纪 80 年代，德国科学家莱布尼茨在研究中发现，物体运动的动量不能用 mv 表示，而只能用 mv^2 来表示。于是，双方展开了争论。

莱布尼茨认为物体运动的动量不能用 mv 表示，而只能用 mv^2 表示。

法国科学家达兰贝尔（1717—1783）认为上述两种观点既对又不对，认为这场争论没有必要进行。他认为，当物体运动处于平衡状态（如匀速运动）时，可以用 mv 来衡量；当物体运动受到阻力，变成减速运动时，则可以用 mv^2 来衡量。但是，达兰贝尔又说，当物体作减速运动时，也可以用 mv 来衡量。他最终赞同了笛卡尔的观点。由此可见，达兰贝尔先是认为两派观点都对，各自研究的对象不同，没有必要互相争论，从而站在折衷派的立场上，试图调和这场争论。后来，他又赞同笛卡尔的观点，站在笛卡尔一派的立场上，不但没有调和，反而造成混乱，激化了争论。

到了 19 世纪 80 年代，德国青年科学家迈尔（1814—1878）等科学家各自独立地创立了能量转化与守恒定律。这个定律的主要内容是：物体所具有的一切能量（如热能、电能等）都可以相互转化，而且，在转化前后，物体能量的总和保持不变。例如，我们每天学习、运动所必需的能量从我们吃的食物中转化而来，食物中含有化学能，当它被消化吸收后，一部分能量转化成热能，以保持正常体温，另一部分能量转化成动能以维持体力，这两部分能量总和与食物中的化学能相等。也就是说，食物在转化前后，它们的能量是不变的。

能量转化与守恒定律的创立，为人们正确认识物体运动的量度奠定了科学的理论基础。

伟大导师恩格斯运用能量转化与守恒定律的理论，认真分析研究了笛卡尔和莱布尼茨的观点，并对笛卡尔和莱尔尼茨各自所提出的"运动量度"之间的联系和区别进行了科学研究。他指出，达兰贝尔把这场争论简单地说成是"一场毫无益处的咬文嚼字的争论"是不严肃的，这样的判决根本没有解决问题，并不能结束争论。他通过研究上述"运动量度"以后，得出了以下结论：①当度量像杠杆这样的简单机械运动时，既可用 mv 度量，也可用 mv^2 度量。②在度量两个发生完全弹性碰撞的物体运动时（例如，两个钢球在平滑面上发生相互碰撞运动，在碰撞前后没有能量损失和转化，只是发生能量传递，这样的碰撞叫做完全弹性碰撞），既可用 mv 度量，也可用 mv^2 度量。③在度量两个发生非弹性碰撞的物体运动时（例如，一个木球碰撞到沙堆上，在碰撞前后木球由于与沙堆发生摩擦，使它原来的动能转化为热能，能量发生了转化，这样的碰撞叫做非完全弹性碰撞），只能用 $\frac{1}{2}mv^2$ 度量，而不能用 mv 度量。

由此，恩格斯指出："我们已经看到，这两种量度因为互不相同，所以归根到底并不互相矛盾。"也就是说，mv 和 mv^2 是针对不同物体运动状况来量度机械运动的。笛卡尔和莱布尼茨由于没有具体分析机械运动的各种不同条件，没有弄清 mv 和 mv^2 作为运动量度所需要的条件，因而两人发生争论。而达兰贝尔没有认真分析 mv 和 mv^2 作为运动量度所需要的不同条件，而是简单地将二者混为一谈，草率地做出结论。恩格斯的上述论断对于正确平息这场争论起到了重要作用。

6. "三色说"与"颉颃说"谁对谁错

"三色说"最初是英国物理学家 T. 杨（1773—1829）在 1801 年提出来的。1860 年，德国物理学家赫尔姆霍兹（1821—1894）发展了这个学说。所以，后人又把这个学说叫做"杨—赫尔姆霍兹三色说"，以此颂扬和纪念这两位科学家的研究成果。

"三色说"的主要内容是，人类眼睛中有一种能够感受视觉的器官，被称为视觉感受器。该器官有一种视网膜，在它的上面分布着 3 种神经纤维，它们分别含有对红色、绿色、蓝色敏感的视色素，因此，人类依靠这些视色素的综合作用，便能感觉出各种颜色。

"颉颃说"是由物理学家 E. 黑林在 1878 年提出来的。他认为，在人的视网膜上具有 3 种颉颃对的视色素，这 3 对视色素是白—黑视素、红—绿视素、黄—蓝视素。人眼对各种颜色的感觉就是这 3 对视色素综合作用的结果。例如，当红光刺激红—绿视素时，就会产生红色感觉；当绿光刺激红—绿视素时，就会产生绿色感觉。

"三色说"与"颉颃说"各自都具有一定的科学性，都可以解释一些色觉现象，但不能解释所有的色觉现象。例如，"三色说"能够圆满地解释多种颜色混合现象，但却不能圆满解释色盲现象。"颉颃说"虽然能够解释某些色觉现象，但不能解释多色混合现象。这两种学说各有长处，又各有不足，二者都不能说服和取代对方，从而导致双方长期对立，争论持续长达百年之久。

到了 20 世纪 50 年代，许多物理学家运用多种科学知识对色觉原理进行了深入研究，终于找到了"三色说"与"颉颃说"之间的内在联系，从而实现了二者的有机统一。

科学家们通过研究发现，在人眼的视网膜上存在着 3 种能够分别对红、绿、蓝 3 种颜色敏感的细胞，他们把这种细胞叫做视锥细胞。科学家们还发现，在视觉传导路（指的是视觉传递的通道）中还存在着一些神经细胞，这些神经细胞对白—黑、红—绿、黄—蓝3种颜色产生反应。科学家们认为，人眼对颜色的感觉过程分为两个阶段。

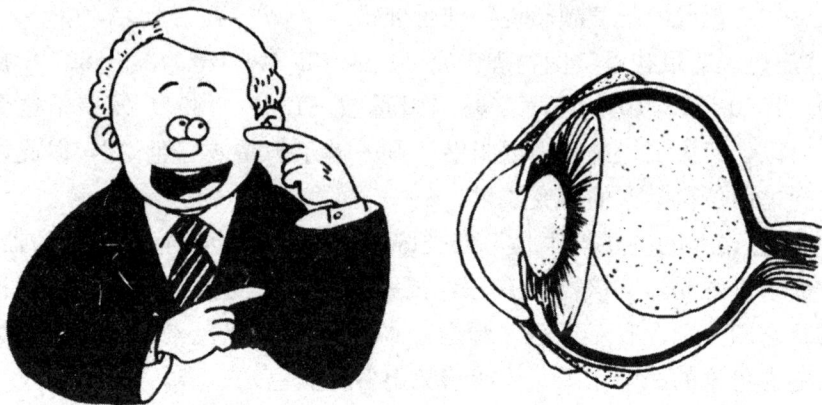

视觉机理的"三色说"

在第一阶段，各种颜色所反射出的光线，被视网膜上的视锥细胞吸收，细胞中含有的视色素又可以对不同颜色的光产生反应。

在第二阶段，视锥细胞把它们产生的反应，通过神经冲动向大脑中的视觉中枢传导。在传导过程中，神经细胞又把视锥细胞传导过来的各种颜色的信息重新组合成颉颃对的形式：如红—绿、黄—蓝、白—黑等，通过这些颉颃对的视觉素的综合作用，最终产生不同的颜色感觉。

这样，人眼在第一阶段中的颜色感觉是按照"三色说"的视觉原理进行的，而在第二阶段中的颜色感觉则是按照"颉颃说"的视觉原理进行的。这就是说，"三色说"和"颉颃说"的理论都是正确的，只不过它们各自说明了人眼在不同颜色感觉阶段中的感觉过程及其原理。至此，"三色说"和"颉颃说"之间持续长达1个世纪的争论结束了。

在对待"三色说"与"颉颃说"之间的争论问题上，苏联的教训值得深思和反省。早在1750年，俄国化学家罗蒙诺索夫（1711—1765）就曾经提出了"色觉三原说"，俄国人便引以为荣，极力推崇"三色说"，故意贬低"颉颃说"，根本没有认真分析"颉颃说"，从而使得苏联对于颜色感觉机理的研究在很长一段时间内还停滞在罗蒙诺索夫的"三色说"阶段，没有取得进展。

7. 物体之间如何进行相互作用

这场争论是围绕物体之间的相互作用是否需要媒质传递和需要时间这个问题展开的。

一种观点认为，物体之间是通过相互接触（例如摩擦、碰撞等）而发生相互作用的，在接触过程中需要有一种中间物质，依靠这种物质来把一方的作用力传递给对方；而且，要完成这种传递过程还需要一定的时间。这就是说，物体之间发生相互作用需要有中间物质（把它叫做媒质）和时间。持这种观点的科学家把这种相互作用叫做"近距作用"（指的是近距离作用），把这种理论叫做"近距作用"理论。

另一种观点则认为，物体之间发生相互作用不需要任何媒质传递相互作用力，也不需要任何传递时间，物体之间的相互作用是直接的、瞬时的相互作用。持这种观点的科学家把这种相互作用叫做"超距作用"（指的是不受距离长短限制而可以直接发生的作用），把这种理论叫做"超距作用"理论。

在 17 世纪，法国科学家笛卡尔提倡"近距作用"论，反对"超距作用"论。他认为，物体之间要发生相互作用，不仅依靠组成物体的原子来传递作用力，而且还要依靠以太（指的是充满整个宇宙空间的细微颗粒）这种媒质来传递作用力。

英国著名科学家牛顿在这个问题上"脚踏两只船"，左右摇摆不定。他首先认为在研究物体间的相互作用过程中，不必分清是近距作用还是超距作用。然而，当他在 1687 年，运用超距的吸引和排斥作用成功地解释了万有引力等许多物体间的相互作用机理后，便逐步倾向"超距作用"的理论。与此同时，牛顿又对"近距作用"的观点恋恋不舍。总体来看，牛顿还是倾向于支持"超距作用"理论的。因此，在当时，"超距作用"理论居于统治地位。

正当"近距作用"论陷入困境之际，英国著名物理学家法拉第

（1791—1867）通过对电与磁之间的相互作用进行研究后指出，在带电（或磁）物体的周围，存在着一种具有电力和磁力的"场"，他把这种"场"叫做"电磁以太"，"场"弥漫在整个空间中，带电（或磁）的物体可以通过这种"场"彼此发生作用。也就是说，带电（或磁）的物体间发生相互作用是通过"场"这种媒质进行的。法拉第由此得出结论：任何物体都不能进行超距作用，而是需要一个连续作用的时间和过程。这样，法拉第通过自己的电磁研究，支持了"近距作用"论，否定了"超距作用"论。

以后，英国物理学家麦克斯韦（1831—1879）创立了电磁理论，预言了电磁波。1887年，德国物理学家赫兹（1857—1894）通过实验确认了电磁波的存在。由此他们认为，电磁相互作用通过"场"这种媒质，以光速进行传递，这种作用不是瞬时的超距作用。这就进一步否定了"超距作用"论。

虽然法拉第、麦克斯韦等人通过研究，在电磁作用上否定了"超距作用"论，支持了"近距作用"论，但是，他们并没有完全否定"超距作用"论。法拉第当时仍然相信万有引力作用是一种超距作用。也就是说，"超距作用"虽然在电磁学领域中失去了地位，但在力学领域中依然存在。

那么，万有引力作用究竟是超距作用还是近距作用呢？这个问题最后被著名物理学家爱因斯坦解决了。

1905年，爱因斯坦创立了狭义相对论，1916年，创立了广义相对论。他通过研究认为，万有引力作用也是以光速传递相互作用力的，宇宙中存在着引力波，因此，万有引力作用也不是超距作用，它也需要媒质（引力场），需要以光速来传递作用力。

迄今为止，科学家们经过研究后指出，整个自然界存在着4种相互作用：万有引力作用、电磁作用、强相互作用和弱相互作用。这4种相互作用都是通过"场"来完成的。例如，万有引力作用通过引力场交换引力子来完成，电磁作用通过电磁场交换光子来完成，强相互作用通过胶子场交换胶子来完成,弱相互作用通过中间玻色子场交换 W±和 Z⁰粒子来完成。上述 4 种相互作用中交换的粒子都是玻色子,它们可以进行相互作用。也就是说,各种相互作用都通过交换玻色子来完成。这就证明"近距作用"论是正确的。从此,"近距作用"论便开始走向复苏,逐渐取代了"超距作用"论的统治地位。

然而,这并不意味着"超距作用"论与"近距作用"论之争到现在已完全结束。随着人们对微观领域物体运动规律的深入研究,这场争论还会持续下去,并以此推动科学研究的不断发展。

8. 光是波还是粒子

这场争论是围绕光的本质问题展开的,光是一种波还是粒子呢?

英国物理学家牛顿提出了一种"微粒说",他认为,光是由一颗颗微小粒子组成的粒子流。而荷兰物理学家惠更斯则提出了另一种"波动说",他认为,光是一种像声波、水波那样的波。

牛顿的"微粒说"可以解释为什么用纸板能够挡住光线这样的现象。这是因为,光粒子在流动过程中与纸板相碰撞,光粒子被弹回来,不再继续向前进行直线流动。

惠更斯的"波动说"也可以解释为什么几条光线相遇时,每条光线都不受对方影响,能继续按照原来的方向传播这样的现象。这是因为,任何一种波都可以不受其他波的影响而能够独立传播。例如,我们的耳朵可以同时听到几种声音,因为各种声波可以各自传进我们耳朵中,而不受其他声波的影响。光能够满足这样的条件,所以它与声波一样,也是一种波。

这样,围绕着光的本质问题,在"微粒说"和"波动说"之间展开了激烈的争论。直到著名物理学家爱因斯坦发现了"光电效应现象"(指当光照射到金属时,金属中的电子就会从金属表面被释放出来的现象,被释放出来的电子被称为光电子)以后,这场争论才有了圆满的结局。

1905 年,爱因斯坦创立了光量子理论。他在这个理论中,既没有抛弃"波动说",也没有只同意"微粒说",而是把二者综合起来了。他说:

"光既是波，又是微粒。"这就是说，光兼有微粒和波的两种属性，这就是光的"波粒二象性"。这样，对于各种光学现象，有时可以利用波动性来说明，有时则可以利用粒子性去解释。于是，持续 200 多年的争论最终获得了良好结局，同时也加深了人们对光的认识。

9. 热是什么

这场争论是围绕着热的本质问题展开的。热究竟是什么呢？对此，科学家们提出了两种科学假说：一种是"热质说"，另一种是"热动说"。

"热质说"认为，热是一种特殊的物质，名叫"热质"。它没有重量，不生不灭，存在于一切物体之中，可以从物体中流出和流入。持这种观点的人有古希腊哲学家亚里士多德、法国科学家伽桑狄（1592—1655）、法国化学家拉瓦锡（1743—1794）等。

亚里士多德把热看成是一种物质，伽桑狄把热看成是一种原子——"热原子"，拉瓦锡把热看成是一种元素，并把它列在自己的化学元素表中。

"热动说"则主张，热是一种运动，是大量微观粒子的无规则运动。持这种观点的人有英国哲学家弗朗西斯·培根（1561—1626）、法国哲学家迪卡尔、俄国科学家罗蒙诺索夫（1711—1765）、英国化学家波义耳（1627—1691）、英国化学家胡克（1635—1703）和英国物理学家牛顿等。

弗朗西斯·培根认为，热的本质是物体分子的运动，笛卡尔和罗蒙诺索夫都认为，热是物质粒子的一种旋转运动，波义耳认为，热是物质内部产生的一种强烈的混乱运动，胡克认为，热是一种由微粒运动而产生的性质，牛顿认为，热来源于物体各部分的振动。

1798 年，美国科学家伦福德（1753—1814）在实验研究中发现，在与外界绝热的情况下，当把炮筒固定在水中，用钻头在炮筒内钻孔时，炮筒周围的水逐渐变热。如果按照"热质说"的观点，钻头越锐利，钻出的铁屑越多，从炮筒中释放出来的热素也越多，水的热度就越大。然而，实验结果却相反，钻头越钝，铁屑越少，反而使水的热度加大。可见，"热质说"不能解释这个现象。原来，这是因为钻头的机械运动使炮筒中的铁分子产生热运动，同时也使水分子产生热运动，从而提高了水温。可见，"热动说"是正确的。

1799年，英国化学家戴维（1778—1829）也做了实验。在不受外界温度的影响下，他把两块冰放在一起摩擦，发现冰块随着摩擦而溶解了。这个实验也说明，摩擦运动使水分子产生热运动，增加了温度，从而使冰溶解。这再次证明"热质说"是错误的，"热动说"是正确的。

1843年，英国物理学家焦耳（1818—1889）在总结前人研究成果的基础上，对产生热的机理和热的本质进行了深入研究。他利用实验测出了热功当量的数值（热功当量是指产生一个单位的热量所需要做功的数量，功是指某一种物体在力的作用下所产生的运动，功的大小等于力的大小和物体运动距离的乘积）。焦耳当时测出的热功当量的数值是427千克力·米/千卡，其中，"千克力·米"是功的单位，现在用"牛顿·米"来表示功的单位（1千克力＝9.8牛顿），他认为热素是不存在的，热是一种运动，从而彻底否定了"热质说"，证实了"热动说"。

10. 伽利略做过比萨斜塔实验吗

伽利略（1564—1642）是意大利著名的物理学家，近代实验科学的奠基者。他一生中有许多科学发现。例如，他创立了自由落体运动定律、惯性原理和运动相对性原理，发明了温度计和望远镜，热情支持并传播哥白尼的"日心说"理论，却因此遭到宗教神学势力的残酷迫害。

1654年，伽利略的学生维维安尼（1622—1703）为他的老师写了一本传记，名叫《伽利略的历史故事》。他在书中写道，在1590年的一天早晨，伽利略登上比萨斜塔（古罗马时代的钟塔），在比萨大学全体师生的面前，做了一个"自由落体运动"的实验。

伽利略在比萨斜塔上，把两个一重一轻的物体同时放下，让它们同时自由下落。结果，这两个物体几乎同时落地。伽利略做这个实验的目的，是为了反驳古希腊哲学家亚里士多德的观点。亚里士多德认为，不同重量的物体下落时的速度是不同的，重的物体要比轻的物体下落得快。伽利略通过实验证明，重量不同的物体在下落时会同时落地。

伽利略登上比萨斜塔做"自由落体运动"实验。

然而，伽利略真的在比萨斜塔上做过自由落体实验吗？围绕着这个问题，在科学史界展开了争论。

首先提出怀疑的是德国科学史专家沃尔维尔。他在 1909 年出版了《伽利略及其为哥白尼学说而斗争》一书。他在书中提出，伽利略并没有在比萨斜塔上做过自由落体实验。

1935 年，美国科学史专家库珀也认为，伽利略没有做过上面的实验，接着法国科学史专家考义雷也认为伽利略没有做过这项实验。

1938 年，美国科学史专家泰勒则对库珀和考义雷的观点提出反驳，认为伽利略做过这项实验。

这场争论在第二次世界大战期间被迫停止。到了 20 世纪 50～60 年代，法国科学史专家考义雷再次发起争论，否认伽利略的实验。此后，英国科学家巴特菲尔德、梅森以及美国科学史专家陶尔敏等都否认或怀疑伽利略的实验，他们甚至怀疑伽利略的实验是他的学生维维安尼编造的。

到了20世纪70年代，争论更加激烈，支持、拥护者与反对、怀疑者势均力敌，各抒己见，相持不下。美国百科全书的作者肯定了伽利略的实验，但英国百科全书的作者却对此持反对意见，否认伽利略做过这项实验。

这场争论也波及到我国。科学史研究者阎康年先生确认伽利略的实验。他认为，维维安尼的记载是真实的，伽利略的实验也是真实的。而另一学者黄亚萍先生则认为，伽利略的自由落体实验，主要还是思想实验，而不是实证实验。尽管如此，人们还是普遍承认，伽利略在比萨斜塔上做过自由落体运动的实验。

11. 火是什么

这场争论是围绕火的本质问题展开的。科学家在研究火的过程中，形成了两种假说：一种是"燃素说"，另一种是"氧化说"。

"燃素说"是德国化学家斯塔尔（1660—1734）于1703年最先提出来的。

"燃素说"认为，火是由无数细小的微粒构成的物质实体，它们形成了"火元素"，并被称为"燃素"。"燃素"是火的组成成分，但并不是火的本身，"燃素"存在于一切可燃物之中，可以从一种物体转移到另一种物体。

"氧化说"是由法国著名化学家拉瓦锡于1777年提出来的。

"氧化说"认为，物质燃烧形成火，并不是因为它释放出"燃素"，而是因为它与氧气结合发生化学反应的缘故。"燃素"是不存在的，火是通过物质与氧气相结合产生的。

"燃素说"最先形成，并在18世纪被大多数化学家所接受。因此，"燃素说"便在当时的化学界占据统治地位，成为当时的中心学说。

但是，化学家们在实验研究中发现，利用"燃素说"很难解释某些燃烧现象。

例如，如果按照"燃素说"的观点，当金属燃烧时，由于金属把其中的燃素释放出来，那么在燃烧以后，剩余的金属灰渣（就是我们今天所说的金属氧化物）会比燃烧以前的金属更轻。但是，化学家通过对燃烧前后金属重量进行称量后发现，燃烧后的金属灰渣反而比燃烧以前的金属更重。

于是，"燃素说"在实验结果面前，暴露出自己的弱点。这就促进化学家们继续研究燃烧的本质，研究形成火的原因。

1755年，英国化学家布拉克（1728—1799）通过研究石灰石煅烧过程，发现了二氧化碳气体（当时把它叫做"固定空气"）。他认为石灰石煅烧形成碱是由于释放二氧化碳气体的缘故，与"燃素"无关。

1773年，瑞典化学家舍勒（1742—1786）通过分解硝酸盐等物质，制得一种能够促进燃烧的气体。但他不知道这种气体就是氧气，而是把它叫做"火气"。

1774年，英国化学家普利斯特里（1733—1804）也独立发现了氧气，他也不知道氧气是一种新元素。

法国化学家拉瓦锡在前人研究的基础上通过进一步的实验研究，终于正式发现了氧气，并于1777年创立了"氧化说"理论。从而最终推翻"燃素说"，建立了科学的燃烧理论，圆满地完成了一次化学革命。

12. 电解质在水溶液中能否电离导电

这场争论最初是由一篇学位论文引起的，它的作者就是瑞典著名化学家阿累尼乌斯（1859—1927），论文的题目是《关于稀薄电解质溶液导电度的研究》。

这篇文章的主要观点是：电解质即使不受外部电流的作用也可以离解成离子；这些离子可以自由运动，可以进行化学反应。

电解质就是在水溶液中能够导电的物质。例如，氯化钾（KCL）、氯化钠（NaCL）都是电解质。它们在水溶液中分解成带有正电或负电的物质（叫做离子）。当外接电源时，这些离子就按照同性相斥、异性相吸的原理发生移动，从而产生了电流。如果用化学反应式来表示，这种电解过程就是：

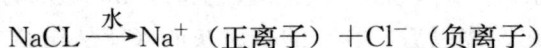

$$NaCL \xrightarrow{\text{水}} Na^+ （正离子）+Cl^- （负离子）$$

阿累尼乌斯于1859年2月19日出生在瑞典一个名叫维克村的小村庄里。他自幼聪明好学，17岁就考上了乌普萨拉大学，1878年考上了硕士研究生，3年后考上了博士研究生。1884年5月，阿累尼乌斯完成了学术论文，并准备把它作为学位论文参加博士论文答辩。

这篇论文非同凡响，在近代化学中占有很重要的地位。这是因为，阿累尼乌斯在这篇论文中，第一次提出了一个很重要的化学理论——电离理论。它冲破了以前关于盐（如 KCL、NaCl）类物质在水溶液中不能轻易分解成离子的传统理论，打破了传统物理学与化学之间的界限，沟通了两者之间的内在联系，为物理化学这门新学科的产生奠定了理论基础。

然而，当阿累尼乌斯拿着这篇论文请一些化学家审阅时，却遭到了他们的反对和讥讽。在博士论文答辩会上，阿累尼乌斯虽然圆满地回答了教授们的众多提问，但是，由于他们大都反对阿累尼乌斯的理论，只把这篇论文评为及格或3分。结果，阿累尼乌斯虽然获得了博士学位，却失去了留校当副教授的机会，因为只有论文成绩和答辩水平都高才能担任此项职位。

但是，阿累尼乌斯坚信自己的理论是正确的，感到评委们对自己的评价不公平。于是，他四处奔走，邀请当时最有名的化学家、科学家来评价他的论文。于是，围绕电解质在水溶液能否电离导电的问题，专家们展开了激烈的争论。

反对者有英国化学家阿姆斯特朗、皮克林，法国化学家特劳贝，英国科学家汤姆逊，以及发现化学元素周期律的俄国著名化学家门捷列夫（1834—1907）等。他们都认为，阿累尼乌斯关于盐类物质在水溶液中分解成离子的观点是极其荒谬的。他们断言，组成盐的各部分都受到"库仑引力"的作用，彼此结合得非常牢固，是不会轻易分离的。

支持者有斯德哥尔摩大学的裴特尔逊教授、利物浦大学的奥利瓦·罗治教授、波恩大学的克劳修斯教授、丘宾根大学的罗塔·迈耶教授以及里加大学的奥斯特瓦尔德教授等。他们都对阿累尼乌斯的论文及其理论给予很高评价，并与阿累尼乌斯一起与上述反对者展开激烈的争论。

阿累尼乌斯在坚持自己理论的同时，不断吸收上述支持者们提出的修正意见，继续进行实验研究，以修改完善自己的理论；另一方面，他不断在报刊上发表文章，答复反对者们提出的各种问题，回击他们的攻击，维护和宣传自己的理论。1887年，阿累尼乌斯撰写了《关于溶质在水中的离解》一书，对他的电离理论进行了系统、科学的阐述。

1890年，英国召开了由物理学家和化学家参加的学术讨论会，阿累尼乌斯的电离理论又成为会议争论的中心和焦点。英国学者阿姆斯特朗、皮克林等人一开始就攻击电离理论。接着，奥斯特瓦尔德、范霍夫等化学家相继发言进行反驳。最后，阿累尼乌斯以他那严正的实验数据和严密的逻辑论证，赢得了大多数科学家的支持。从此，电离理论度过了冷酷的寒冬，迎来了明媚的暖春。

随着电离理论在争论中最终获胜，阿累尼乌斯的名望和地位也随之上升。1902年，英国皇家学会授予他戴维奖。1903年，阿累尼乌斯获得了诺贝尔化学奖。瑞典国王还下令专门为他建造诺贝尔物理化学研究所，任命他为所长，从而为他的进一步研究创造了良好的环境条件。

13. 气体化学反应定律对吗

这场争论是在英国著名化学家道尔顿（1766—1844）与法国著名化学家盖吕萨克（1778—1850）之间展开的。

道尔顿是著名的化学家，他一生中所做出的最伟大贡献就是创立了"原子论"，他也因此被誉为"近代化学之父"。

盖吕萨克是法国著名的化学家和物理学家。当道尔顿创立并发表了"原子论"假说的时候，盖吕萨克正在和他的好朋友、法国著名科学家洪包特（1769—1859）研究气体化学反应的规律。通过多次认真研究，盖吕萨克得出了这样一种科学假说："在同温同压下，相同体积的不同气体含有相同数目的原子。"这就是说，在相同的温度、相同的压力下，不相同的气体都含有数目相同的原子。

盖吕萨克的上述假说遭到了道尔顿的反对，于是，双方展开了激烈

的争论。

就在两人争执不休的时候，一位名叫阿伏伽德罗（1776—1856）的意大利物理学家创立了"分子论"假说，从而为平息这场争论铺平了道路。

阿伏伽德罗通过认真分析上述两位科学家之间的争论以后发现，只要将道尔顿的原子论稍加发展，就可以使争论双方统一起来，从而结束这场争论。于是，他便在物质与原子之间引入了"分子"概念。分子由若干个原子组成。例如，前面说的氧化氮是分子而不是原子，它由氮原子和氧原子组成。这样，阿伏伽德罗就发展了道尔顿的原子论假说，形成了"原子—分子"论假说。

接着，阿伏伽德罗又用他的分子论假说对盖吕萨克的上述假说内容进行了修改。他指出，应当把盖吕萨克假说中的"原子"改成"分子"，即"在同温同压下，相同体积的任何气体都含有相同数目的分子"。阿伏伽德罗的分子论假说，既修正了盖吕萨克假说，又发展了道尔顿原子论。

阿伏伽德罗的分子论假说，既修正了气体假说，又发展了原子论。

14. 定比定律是否正确

这场争论主要是在法国化学家普鲁斯（1754—1826）与法国化学家贝托雷（1748—1822）之间展开的。

普鲁斯通过研究发现：任何一种化合物都有固定的组成，在化学反应中，反应物与生成物之间也存在着某种确定的重量比例关系。他把这个规律称为"定比定律"。

在普鲁斯发表他的定比定律之后，法国化学家贝托雷也发表了关于"化学亲和力定律"的文章，反对化合物有固定组成的观点。他认为，当外界条件发生变化时，化合物的组成也会随之改变。不过，贝托雷的上述观点最初不是针对普鲁斯的，而是针对另一位名叫阿伊的化学家的。阿伊也与普鲁斯一样，认为化合物有着固定的组成。

后来，贝托雷发现普鲁斯也主张"定比定律"。于是，他便发表文章针对普鲁斯的观点提出反驳意见。普鲁斯也不甘示弱，发表文章进行反驳，坚持己见。于是，两人围绕定比定律是否正确这个问题展开了激烈的争论。

争论从 1804 年开始，持续了 3 年。在这期间，双方摆事实，讲道理。普鲁斯一边为自己的观点争辩，一边虚心听取贝托雷的意见，修补和完善自己的观点；贝托雷一边反驳对方的理论，一边分析对方和自己观点之间的分歧。双方之间的争论主要针对对方的观点，并没有攻击对方，也没有感情用事。双方的争论是友好的、善意的。

最后，贝托雷发觉自己的观点是错误的，对方的观点是正确的。于是，他便主动收回自己的观点，坦然承认对方的观点是正确的，从而圆满、友好地结束了这场争论。

15. 高聚物是由什么组成的

高聚物指的是高分子化合物，主要是由许多大分子组成的化合物，如蛋白质等。然而，在 19 世纪末，人们还弄不清楚这些高聚物是由什么组成的，它的结构是什么。当时的化学家们通过各自的研究，形成了两种不同的观点。

　　一种观点认为，高聚物是一种胶体（像肥皂、豆浆之类的胶体）。这种说法称为"胶体说"。持这种观点的化学家有：格雷阿姆、奥斯特瓦尔德、迈耶、马克、卡勒尔等人。

　　另一种观点主张，高聚物是一种由长链大分子组成的化合物。这种说法称为"大分子理论"。持这种观点的化学家有：德国化学家开库勒、斯陶丁格等人。

　　争论最初是在 19 世纪末英国化学家格雷阿姆（1805—1869）和德国化学家开库勒之间展开的。结果，"胶体说"获得胜利，并统治化学界长达 50 年之久，而"大分子理论"因为不受重视而遭到冷落。

　　到了 20 世纪初，德国化学家毕克斯等人虽然通过实验研究感到高聚物可能是一种高分子化合物，但由于他们还信任胶体学说，所以，仍然没有相信"大分子理论"。"胶体说"仍然居于统治地位。

　　20 世纪 20 年代，德国化学家斯陶丁格通过研究，正式宣布高聚物是由长链大分子构成的化合物，提出了"大分子理论"，从而正式开始与传统的"胶体说"展开争论。斯陶丁格一边继续进行实验研究，一边广泛宣传"大分子理论"。他先在德国召开的第 3 届化学会议上阐述自己的观点，并与会上的反对者进行了激烈争辩。许多化学家如尼格利等人多次劝说斯陶丁格放弃"大分子理论"，相信"胶体说"，但都遭到斯陶丁格的拒绝。

　　正当双方相持不下之际，瑞典科学家斯维德贝格等人通过先进的测量仪器测定出了高聚物的分子量，充分证明了高聚物确实是由大分子组成的化合物，从而一举结束了争论。

　　16. 太阳系是怎样形成的

　　"星云说"最初是由德国哲学家康德（1724—1804）于 1755 年提出来的，1796 年，法国天文学家拉普拉斯（1749—1827）独立提出了与之相类似的假说，后人就把这个学说统称为"康德—拉普拉斯学说"。

　　"星云说"认为，整个太阳系（包括太阳）的所有星球都是由同一个星云物质通过万有引力作用而逐渐演化形成的。最初，宇宙中只有一些颗粒状的物质。我们把这种物质叫做"星云物质"。这些物质在万有引力的作用下，互相吸引，逐渐形成大的团块状物质。许多这样的团块状物质互相碰撞、互相吸引，形成更大的团块物质。还有一些小团块物质受大团块物质吸引而向它靠近，当它靠近到一定距离时，又与大团块物质发生排斥。这样，当吸引力与排斥力相等时，它们就在各自的位置上围绕着大团块物质旋转。这样，大团块状物质就成了太阳，其他小团块物质就成了地球及其他行星，它们共同组成了太阳系。

"灾变说"最早是由法国动物学家布封（1707—1888）于1745年在他的《自然史》一书中提出来的。

"灾变说"认为，太阳比地球等行星先形成。太阳形成以后，曾经有一颗彗星从它身旁擦边而过。当时，太阳是一种熔融的液体物质。当彗星来到太阳身边时，太阳中的一部分物质在万有引力和惯性力作用下被彗星"带"走或"抢"走，这些物质又各自依据自己远离太阳的速度大小而分布在太阳的周围，从而形成了地球及其他行星。

由此可见，"星云说"认为太阳系的形成是一个漫长的逐渐演化的过程，而"灾变说"则认为行星的形成是一个突然变化的过程，并且它只解释了行星的起源，而没有弄清太阳的起源。这两个假说的观点是完全对立的，自然在二者之间展开了争论。

由于"星云说"运用了牛顿的万有引力定律，对太阳系的起源解释得比较圆满；"灾变说"没有阐述太阳的起源，加上布丰在发表他的假说时，受到宗教势力的恐吓、迫害，被迫放弃了这个假说。因此，"星云说"比"灾变说"更加得到人们的赞同。

然而，这并不能说明"星云说"绝对获胜，它在解释一些具体问题时也遇到了困惑。随着天文学研究的深入，人们在"灾变说"的基础上又创立了新的假说，从而发展了"灾变说"。例如，美国地质学家章伯伦提出了"星子说"，英国天文学家金斯提出了"潮汐学说"，都对"灾变说"进行了补充。此后，还有许多天文学家如捷弗里斯、乌尔夫逊、罗素、里特顿等人都发表了各自的学说，对"灾变说"进行了补充，从而丰富了"灾变说"的思想内容,增强了它的说服力。这就使得"灾变说"与"星云说"之间的争论持续不休。然而,这场争论促进了天文学的研究与发展。

17. 火星上有生命吗

火星是太阳系的一颗行星。除了地球以外,人类对火星最为关心,研究得也最多,其中主要的问题是探索火星上是否存在生命,各国学者们为此展开了激烈的争论。

1656年,荷兰物理学家惠更斯(1629—1695)第一次利用望远镜观察火星。1877年,意大利天文学家斯基伯雷利通过观察火星发现,火星上有"运河",从而更加激发了人们在火星上寻找生命的兴趣。

那么,火星上到底有没有生命存在呢?对此,人们展开了争论。一种观点认为,火星上没有生命存在,因为火星上不具备生命存在的条件,如水、氧和适当的温度等;另一种观点则认为,火星上虽然没有高级智慧生物存在,但不能说没有生命存在,火星上很可能存在着低级生命。

为了探索火星上有无生命存在,各国运用先进的航空航天设备,先后登上了火星。例如,1964年和1971年,美国先后发射了"水手"4号、9号火星探测宇宙飞船;苏联在此期间也向火星发射了火星1号、2号和3号宇宙飞船;1975年8月和9月,美国先后发射了"海盗"1号和2号宇宙飞船。这些宇宙飞船虽然还没有发现火星上有生命存在,但掌握了大量第一手资料,对于进一步研究火星的组成结构、大气环境以及生命的存在起到了积极的推动作用,也为探索其他星球创造了良好条件。

我们相信,随着科学技术特别是航天技术的发展,人类将能够走出太阳系以至步入银河系,在更广阔的空间寻找生命,寻找人类的宇宙伙伴。这是一项崇高而伟大的历史使命,它将要由少年朋友们去承担、去完成。少年朋友们好好学习,去勇敢地完成这一伟大使命吧!

18. 太阳和地球谁是中心

这场争论早在古代就展开了,到了近代演变得更加激烈,甚至发生了流血事件,成为一场千古悲剧。

早在春秋战国时代，我国哲学家就主张地球是运动的。古希腊哲学家斐洛拉依也认为，地球与其他天体一起转动。阿里斯塔克斯比较系统地阐述了"日心地动说"。他认为，地球每天自西向东自转1圈，每年绕太阳公转1圈，其他行星也都围绕太阳公转。这一学说虽然非常正确，但在当时无法证实，没有说服力，很难让更多的人相信。

另一方面，古希腊哲学家柏拉图（公元前428—公元前348）、亚里士多德等人认为"地球处于宇宙中心不动"，太阳与其他行星一起围绕地球旋转。到了公元2世纪，天文学家托勒密（90—168）继承了柏拉图和亚里士多德的"日心说"思想，系统地阐述了"地心地静说"，反对阿里斯塔克斯的"日心地动说"。结果，由于"日心地动说"虽正确但有些空洞，柏拉图和亚里士多德颇有名望，托勒密论证"地心地静说"比较严密，容易让人信服，特别是这个假说得到当时宗教势力的支持，因而，在争论中"地心地静说"获得了胜利。

到了近代，随着天文学的发展，人们对太阳和地球等天体运动的认识越来越深入。波兰伟大天文学家哥白尼（1473—1543）从1506年开始专心研究天体运动的规律。1543年，他发表了划时代的天文学著作《天体运行论》。在这部书中，他否定了托勒密的"地心地静说"，重新科学系统地阐述了"日心地动说"，从而又掀起了新一轮的争论高潮。

哥白尼发表"日心地动说"以后，引起了当时封建宗教势力的强烈不满和恶毒攻击。他们把哥白尼的学说看成是"异端邪说"，禁止出版和发行哥白尼的著作，妄图阻止"日心地动说"的传播。

然而，乌云挡不住太阳的光辉。意大利物理学家、天文学家伽利略（1564—1642）、德国天文学家开普勒（1571—1630）、牛顿等人都积极支持哥白尼的学说。特别是意大利天文学家、哲学家布鲁诺（1548—1600）不仅积极支持、宣传哥白尼的学说，勇敢地同封建宗教神学进行斗争，而且还丰富和发展了哥白尼的学说。他认为，太阳不是宇宙的中心，宇宙没有中心，宇宙是无限的。当封建统治势力下令活活烧死他的时候，布鲁诺面对熊熊烈火，毫无畏惧，宁死不屈，为了坚持和宣传哥白尼的

哥白尼发表了划时代的专著《天体运行论》

学说英勇地献出了宝贵的生命。

最后，经过许多像伽利略、布鲁诺这样无私无畏的科学家的不屈斗争，在大量科学事实面前，宗教统治者不得不在 1757 年宣布废除对《天体运动论》的禁令，承认哥白尼的"日心地动说"。

19. 星系为何产生"红移"

科学家们把宇宙光线波长逐渐向光谱表中的红光区移动的现象叫做"红移"现象。

天文学家通过宇宙观测发现，大多数星系（例如银河系等）放射出的光线的波长向光谱表中的红光区移动，也就是说，大多数星系出现了光的"红移"现象。于是，他们由此判断，这些星系大都向远离地球的方向移动，也就是说整个宇宙正在膨胀着。如果把宇宙比作气球，各种星系比作附着在气球上面的各种颗粒，那么，宇宙膨胀就好像气球鼓胀起来一样，气球上的颗粒随着气球的鼓胀便逐渐离开了。

1929 年，美国天文学家哈勃（1889—1953）通过天文观测得一个定律：星系的"红移"与它们的距离呈正比，距离越远的星系，它的"红移"程度就越大，这个星系远离地球的速度也越大。人们把这个定律称为"哈勃定律"，以此颂扬他的成就。

人们运用"哈勃定律"对他们所观测到的各种星系红移现象进行了科学分析。他们感到，宇宙中的各种星系正在以不同的速度远离地球，宇宙正在膨胀。

1932年和1948年，比利时天文学家勒梅特（1894—1966）和美国物理学家伽莫夫先后根据上述宇宙膨胀理论，创立了"大爆炸宇宙演化理论"。他们认为，目前的宇宙是由一个高温、高密度的"原始火球"发生爆炸后演化形成的。当宇宙膨胀到一定程度以后，它将开始收缩，凝聚成一个"宇宙火球"。接着，又发生一次爆炸，从而形成一个新的宇宙。整个宇宙就是这样起源和演化的。

正当人们普遍相信星系红移、宇宙膨胀理论之际，天文学家们又接连发现了许多颗"类似恒星的天体"（即"类星体"）。类星体的特点是，它能产生比一般星系更大的红移现象，能产生巨大的能量，但它的体积却很小。这就产生了疑问：为什么体积很小的类星体能产生如此巨大的能量呢？类星体能够产生巨大红移现象，这说明它距离地球相当遥远，那么，它发出的光为什么能被我们观测到呢？假设类星体就在银河系中，距离并不那么遥远，那么，它就不会产生那么巨大的红移现象。这又与上述"哈勃定律"和"宇宙膨胀理论"相矛盾。

可见，类星体的出现给人们的认识带来巨大的冲击，迫使人们重新审视"哈勃定律"和宇宙膨胀理论。于是，人们围绕类星体展开了激烈的争论：究竟"哈勃定律"对不对？它是否能够解释类星体所产生的上述特殊现象？这些问题在一些国际天文学会议上成为天文学家们展开争论的焦点。

如今，这场争论仍未结束。宇宙起源及演化问题等待少年朋友们去探索和彻底解决。

20."星云"是星还是云

"星云"是指宇宙中存在着的一团团像云雾一样的发亮天体。那么，"星云"是星还是云呢？围绕这个问题，天文学家们展开了长期的争论。

1920年4月26日，美国科学院举办了一次题为"宇宙的尺度"的学术讨论会。会议由美国天文台台长海耳教授主持。会议专门围绕星云是星还是云的问题展开了争论。争论的一方以美国天文学家沙普利（1885—1972）为代表，另一方以美国天文学家柯提斯（1872—1942）为代表。

沙普利等人认为，星云只是一些由不是星星的宇宙物质组成的集团，它位于银河系以内。按照他们的观点，宇宙只由银河系组成，银河系以外再也没有其他星系。

柯提斯等人却认为，星云也是由星星组成的，它并非位于银河系以内，而是位于银河系以外。按照他们的观点，宇宙不只是由银河系组成，而是由许多像银河系这样的星系组成，宇宙是无限的。

双方你来我往，唇枪舌剑地争辩着，谁都难以说服对方，无法结束争论。

美国天文学家哈勃认真听取和分析了双方的观点，并且进行了观测研究。他利用当时美国最大的天文望远镜观测发现，在仙女座大星云、三角座旋涡星云等许多星云中都发现了一种名叫"造父变星"的星体，他还测得这些星云都远在银河系之外，从而以雄辩的事实，最终结束了这场持久的天文学争论。

可见，哈勃通过天文观测和科学研究，既证明了星云里有星体（如造父变星）存在，又证实了星云远在银河系之外。从此，我们可以得出以下结论：星云里既有星星又有云状天体物质，既是星又是云，是由星星和云状物质共同组成的，星云远离银河系之外，银河系以外还有星系存在，宇宙是无限的。

21. 恒星为何每天从东向西运动

这场争论最初开始于我国秦汉时期，一直持续到明代。它是与"盖天说"与"浑天说"的争论相联系、相伴随的。

这场争论的主要内容是，恒星（是指本身能发出光和热的天体。古人认为，恒星是固定不动的，所以没有把太阳当作恒星。实际上，太阳也是一颗恒星，恒星也在运动）为什么每天从东向西运动？而太阳、月亮和五大行星（指火星、木星、土星、水星、金星。现代天文学认为，行星除此之外，还有地球、天王星、海王星和冥王星等）却从西向东运动？

"盖天说"认为，大地是静止不动的。天穹罩住大地，在天穹中镶嵌着恒星，当天穹转动时，全体恒星也就随之运动，就是说，恒星本身不动，它是随着天穹转动而运动的。而太阳、月亮和五大行星虽然也处在天穹里，但它们不是镶嵌在天穹内壁上的，所以，它们可以独自运动。恒星与太阳、月亮及五大行星之所以按相反方向转动，是因为，天穹像一盘磨，它从东向西转（向左转）；而太阳、月亮和五大行星则从西向东转（向右转），它们就像一群在磨上爬行的蚂蚁。由于天转动得快，太阳、月亮和五大行星转动得较慢，因此，站在地上的人们，就看到太阳、月亮和五大行星各自在由西向东转动的同时，又随着天从东向西运行。就像站在磨盘旁边观看磨盘上爬行着的蚂蚁跟随磨盘一起转动一样，恒星自然跟随着天一起由东向西旋转。人们把上述关于日、月及五大行星从西向东转（即向右旋转）的理论叫做"右旋说"。

相反，西汉时期，一位名叫刘向（公元前77—公元6）的天文学家却认为，天上的所有星星，包括恒星、太阳、月亮及五大行星在内，它们都从东向西旋转（即向左旋转），只不过它们各自的旋转速度不同。其中，恒星转得最快，太阳转动得稍慢，月亮转动得最慢。如果以太阳为标准来计算的话，那么，恒星运动每天要比太阳快4分钟，月亮转动则每天要比太阳慢50多分钟。于是，人们把这种认为日、月及五大行星从东向西转动（即向左旋转）的学说称为"左旋说"。

面对上述两派的争论，许多学者如东汉天文学家杨雄、黄宪，唐朝的杨炯，宋代儒学家朱熹以及明代皇帝朱元璋等都发表各自的看法。然而，由于争论双方都相信地球是静止的，是宇宙的中心，日月星辰都围绕地球转动。因此，这场争论虽然持续很长时间，却没有什么正确结果。在现代地球科学中，已经用公转、自转等科学概念代替左旋、右旋等概念了。

22. 生物化石是如何形成的

这场争论围绕生物化石形成的原因而展开。生物死后，被埋在地下，经过漫长的时间，它的遗体就会变得像石头一样坚硬，人们把它们叫做生物化石。生物化石在地下是分层分布的，地层年代越久远，化石结构越简单。

死亡生物被埋在地下，时间长了就变成了化石。

法国动物学家居维叶（1769—1832）认为，从古至今，地球上不同地区出现过许多次严重自然灾害，例如地震、火山、洪水等。每一次自然灾难到来时，地球上某一地区的生物便遭到毁灭性的打击，使得这一地区的生物几乎全部死亡。当灾害结束后，其他地区的生物便迁移到这里生存、繁衍。死亡的生物被埋在地下，时间长了，就变成了化石。以后，又在另外的地区发生了重大灾害，使该地区的生物全部死亡，被埋在地下。当灾害结束以后，其他地区的生物又迁到这里生存、繁殖、进化。就这样，一次又一次的大灾害，使得一批又一批的生物死亡，于是，就形成了今天所看到的化石。人们把上述理论称为"灾变论"。

英国地质学家赖尔（1797—1875）于1830年出版了《地质学原理》，全面阐述了"渐变论"思想，并对居维叶的"灾变论"进行了抨击。英国地质学家赫顿、史密斯等人也支持"渐变论"，反对居维叶的"灾变论"。

居维叶的"灾变论"由于与上帝创世说相符合而得到当时宗教神学势力的支持，而赖尔的"渐变论"却受到伟大导师恩格斯的赞扬。

其实，"灾变论"与"渐变论"各自强调了生物化石以及地球发展过程中的一个方面，他们各自走向了一个极端。这场争论虽然没有正确的结果，但它告诉我们，地球及生物演化史是一个渐变和突变交替出现的历史。应当对其进行全面的综合研究，以便寻找出地球进化的真正规律。

23. 大陆是怎样形成的

这场争论围绕大陆的形成问题展开。对此存在着两种假说：一种是"大陆固定论"，另一种是"大陆漂移论"。

"大陆固定论"认为，大陆自产生之日起一直没有变化，保持固定不变。

"大陆漂移论"是德国著名地质学家魏格纳（1880—1930）于1912年创立的。他认为，地球在远古时代是一块大陆，被称为"联合大陆"，大陆周围是海洋。以后，这块大陆开始分裂，发生漂移，形成几块大陆，在它们之间形成了海洋。

"大陆漂移论"创立以后，立即在科学界产生巨大反响，展开了激烈争论。

1926年，在美国纽约召开的首届大陆漂移理论讨论会上，"大陆漂移论"者受到"大陆固定论"者的强烈反对，双方争论十分激烈，达到了高潮。

为了搜集证据，以实践验证"大陆漂移论"，魏格纳亲自去探险考察，不幸在途中遇难。

魏格纳去世后，"大陆漂移论"又遭到了"大陆固定论"的攻击。但一些地质学家仍然坚持研究，例如南非的杜·托伊特、英国的霍姆斯、荷兰的万宁·迈尼兹和我国著名地质学家李四光等，他们都相信并支持"大陆漂移论"，并且坚持研究大陆的成因。

美国地质学家迪茨和赫斯在吸收"大陆漂移论"思想的基础上，分别于1961年和1962年各自独立创立了"海底扩张说"。他们认为，在海洋的底部有一些海沟，这些海沟直通到地幔（地球由外向内由地壳、地幔和地核组成），地幔中的岩浆是高温物质，它们从海沟处上升到地壳处，当它们遇到海水冷却以后，便凝固形成新的地壳物质，推动海底向两侧扩展，形成新的大陆，或者推动大陆发生漂移。"海底扩张说"继承和发展了"大陆漂移论"思想，推动了地球科学的研究。

到了20世纪60年代，美国的勒皮雄和摩根以及英国的麦肯齐等地质学家在吸收"大陆漂移论"、"海底扩张说"思想的基础上，创立了"板块构造说"。他们把地球的地壳分为6大板块，即欧亚板块、美洲板块、非洲板块、太平洋板块、澳洲板块和南极洲板块，每一个板块又由许多小板块组成。他们认为，地球上陆地与海洋的漂移、运动是这6大板块相互作用的结果，从而进一步阐明了地壳运动变化的基本原因，发展了"大陆漂移论"和"海底扩张说"。

总之，"大陆漂移论"在与"大陆固定论"的争论中，形成了"海底扩张说"、"板块构造说"等新理论，使得关于地球表面的理论逐步走向完善和成熟。

24. 发酵是怎么回事

这场争论是围绕发酵问题展开的。发酵是指复杂的有机化合物在微生物作用下分解成比较简单的物质的过程。我们在生活中见到的发面、酿酒等都包含发酵过程。

在近代，生物学家对发酵的机理进行了研究，形成了两种观点：一种是"生命说"，认为发酵是微生物活动的过程；另一种是"化学说"，认为发酵纯粹是一种化学反应过程，而不是生命活动的过程。于是，双方展开了激烈的争论。

法国著名微生物学家巴斯德通过对微生物的一系列研究，不仅弄清了发酵确实是微生物生命活动的过程，更重要的是，他发现了厌氧微生物。他在实验中发现，酵母菌是一种厌氧菌，是一种在无氧状态中也可以生活的细菌。在无氧状态下，酵母菌生长缓慢，能生成大量酒精；在有氧状态下，则迅速繁殖，生成少量酒精。这种现象被称为"巴斯德效应"。

巴斯德的实验研究成果，为"生命说"提供了有力证据。原来，发酵是一些厌氧微生物分解有机物并产生酒精等物质的过程。这样，"生命说"便占据了主导地位。

德国化学家李比希则是"化学说"的支持者。面对"生命说"的挑战，他提出了一种新的学说——"酶学说"，试图以此把"生命说"和"化学说"统一起来。他认为，在发酵过程中，酵母菌可能先产生出某种能溶于水的化学酵素，这种酵素能够把糖分解为酒精和二氧化碳；酵母菌本身不直接参与发酵，而是通过产生化学酵素来进行发酵，这种酵素像酶（一种生物催化剂）一样对发酵起到了催化作用。然而，李比希和巴斯德并没有提取出这种酵素。因此，直到他们逝世为止，"生命说"与"化学说"也未能达到统一。后来，生物学家终于从酵母细胞中找到了上述化学酵素——发酵酶，从而使"生命说"与"化学说"最终由尖锐对立达到了和谐统一。

25. 人脑的功能是否与脑部位有关

生物学家最初把人脑划分为额叶、枕叶、顶叶和颞叶等各种部位，认为人脑的每个部位都具有相应的功能。

18世纪末，奥地利医学家加尔（1758—1828）通过对人脑结构与功能的研究认识到，人脑的某一功能都由人脑的特定部位来支配，人脑的每一个部位都有各自的功能。他把人的头盖骨表层划分为 27 个部位，并指出了每个部位所担负的功能。加尔的上述观点被称为"颅相说"。

"颅相说"产生以后，立即引起了很大反响，就连进化论创立者之一、英国博物学家华莱士（1823—1913）也拥立"颅相说"。

但是，并不是所有人都相信"颅相说"，一些生物学家通过研究，向"颅相说"发起了挑战。

法国生理学家弗洛仑斯（1794—1867）通过自己对鸽子脑的结构与功能关系的研究指出，脑是一个整体，没有什么局部的特殊功能，整个大脑共同行使着脑功能，完全没有什么功能定位关系。

但是，法国医学家布罗卡、英国神经学家杰克逊、德国医学家弗里奇和违尼克等，通过各自的实验研究认为，大脑各部位在功能上各自分工，从而肯定了大脑具有特殊的功能定位。

这样，双方围绕大脑是否有功能定位的问题展开了激烈的争论。

这时，心理学家莱士利提出了另外一种学说——"脑量说"。

"脑量说"认为，大脑是一个整体，没有特殊的功能定位，大脑的功能与定位无关，而与脑的含量或重量有关。如果脑量大，那么，大脑的功能就会加强。

"脑量说"，又支持了反对脑功能定位的观点。双方进一步展开了争论。

其实，"颅相说"和"脑量说"各自都走向一个极端。事实上，大脑的实际状况是，大脑的功能既是定位又是不定位的。大脑内部的确存在着主管说话的语言中枢、主管听觉的听觉中枢、主管视觉的视觉中枢等各种定位中枢，这已经被现代科学研究所证实；然而，这些中枢又是相互联系的，它们共同组成大脑的神经中枢系统，共同支配着人的生理活动。当大脑中的某一部位神经中枢受到损伤以后，这部分中枢所拥有的神经功能就会发生病变（例如，如果听觉中枢受到损伤，那么，人就会变成聋子）；但是，经过治疗，或者通过学习、练习，那么，大脑的其他部位就会帮助恢复已丧失的功能，这是大脑整体功能作用的结果。

总之，这场争论虽然没有得到完满结局，但它促进了关于脑科学的研究，推动了人体科学的研究发展。

26. 动物有共同祖先吗

这场争论是在法国动物学家居维叶和法国博物学家圣提雷尔（1772—1844）之间展开的。

居维叶认为，整个动物界基本上可以分为 4 大门类，这 4 大门类就是动物起源的 4 种原始结构图案，所有动物都是由这 4 种动物的原型产生、演化而来的。动物的功能决定了它的结构形态，在什么样环境生活的动物，就有什么样的结构特征。

圣提雷尔则认为，所有的动物都有统一的结构图案，都是由共同的祖先演变而来的，都有同一起源。动物的结构决定着它的功能，有什么样的结构就有什么样的功能。

1830 年 2 月，圣提雷尔在法国科学院宣读了一篇论文。他认为，软体动物的头足类（如乌贼）与脊椎动物门（如狗）有着共同的起源，并以此向居维叶发起挑战。居维叶奋起应战，与圣提雷尔展开了激烈争论。这场争论直到 1832 年 5 月 13 日居维叶逝世才宣告结束。

由于圣提雷尔关于所有动物都有共同起源的观点缺乏事实根据，因而很难令人置信。例如认为乌贼和狗有着共同的起源，有共同的祖先，这在当时被认为是荒唐可笑的。所以，这场争论的结果是居维叶获得了胜利。当然，居维叶的理论也并非完全正确。以后，生物学家们继续对动物起源问题深入研究，促进了进化论的发展。

27. 细胞是从哪里来的

这场争论是围绕细胞起源问题展开的。1665 年，英国物理学家胡克（1635—1703）首次发现了植物细胞。1838 年～1839 年，德国植物学家施莱登（1804—1881）和解剖学家施旺（1810—1882）共同创立了"细胞学说"，认为细胞是动、植物最基本的结构单位，细胞本身也有发生和发展的过程。

那么细胞是从哪里来的呢？

圣提雷尔认为软体动物的头足类（如乌贼）与脊椎动物（如狗）有共同的起源。

著名生物学家雷马克（1815—1865）和微耳和（1821—1902）于1855年提出了一个观点："一切细胞来自细胞。"他们认为，多细胞生物的细胞是由细胞分裂产生出来的。

苏联生物学家勒柏辛斯卡娅则认为，多细胞生物体内的细胞不是来源于细胞分裂，而是从非细胞的生命物质中形成的，她提出了"新细胞学说"。

"新细胞学说"提出后不久，便遭到许多生物学家的反对，但却得到了当时苏联领导人斯大林和李森科等人的支持，他们运用行政手段，采取政治斗争形式，强制推行"新细胞学说"。然而，"新细胞学说"最终被生物学家的实验研究否定了，它在争论中由强盛到衰落直至最后消亡。

十二、科学争论大事记

1. 公元前 11 世纪，我国古代学者周公旦创立了"盖天说"，汉代的落下闳创立了"浑天说"。众多学者围绕地球形状问题展开了争论，结果，"浑天说"取得了胜利。

2. 公元前 6 世纪，古希腊毕达哥拉斯数学学派围绕"$\sqrt{2}$是否合理"问题展开了争论，促使了无理数的产生。

3. 自从公元前 3 世纪古希腊数学家欧几里得创立了几何学以后，数学家们围绕"平行公理"是否可证明的问题展开了争论，促进了非欧几何的产生。

4. 公元前 2 世纪，我国天文学家围绕天体运行方向问题提出了"左旋说"和"右旋说"，并由此展开了争论，争论一直持续到明代。现代天文学证明，这两个学说都是错误的。

5. 汉代，我国数学家徐岳与他的老师刘洪围绕"数有穷乎"这个问题展开了争论。

6. 汉代，我国天文学家围绕地球的状态提出了"地动说"和"地静说"，并由此展开了争论。

7. 汉代，我国天文学家桓谭与杨雄围绕地球形状问题展开了争论。结果，桓谭用实践说服了杨雄，使其放弃"盖天说"，改信"浑天说"。

8. 1543 年，波兰天文学哥白尼创立了"日心说"，并与托勒密的"地心说"展开了争论。结果，"日心说"取胜。

9. 1545 年，意大利数学家卡当首次发现了虚数。以后，围绕虚数是否合理问题展开了争论，促进了复数理论的形成。

10.16～20 世纪中期，西方哲学界围绕科学方法论问题，在归纳主义学派与演绎主义学派之间展开了一场争论。

11.1656 年和 1877 年，荷兰物理学家惠更斯和意大利天文学家斯基伯雷利分别对火星进行观察。以后，围绕着火星上有无生命问题展开了争论。

12.1665 年和 1673 年，英国科学家牛顿和德国科学家莱布尼茨分别研究并各自独立发明了微积分。以后，双方围绕微积分发明权问题展开了争论。

13.1669 年，德国化学家贝歇尔（1635—1682）提出了"燃素学说"。以后，围绕火的本质问题展开了争论。1777 年，法国化学家拉瓦锡发现了氧，创立了"氧化学说"，推翻了"燃素说"，完成了一场化学史上的重大革命。

14.1672 年，英国物理学家牛顿与胡克围绕光的颜色问题展开了争论。

15.1684 年，英国物理学家牛顿创立了"引力平方反比定律"，并围绕该定律的发现权问题与胡克展开了争论。

16.1686 年，英国物理学家牛顿创立了万有引力定律，并与胡克围绕其发明权问题展开了争论。

17.英国物理学家牛顿创立万有引力定律之后，围绕万有引力的本质问题，存在着"磁力说"和"漩涡说"，双方展开了争论。

18.1687 年，英国物理学家牛顿发表了《自然哲学的数学原理》一书。作者因没有在该书中论述上帝创世说而遭到了宗教神学势力的指责，牛顿对此提出了反驳，双方展开了争论。

19.1694 年，荷兰哲学家尼文太（1654—1718）围绕微积分中无穷小量问题与莱布尼茨展开争论。

20.1695 年和 1740 年，英国学者伍德沃德（1665—1728）和威尼斯修道院院长莫罗分别提出了"水成说"和"火成说"。后来，德国地质学家魏尔纳和英国地质学家赫屯分别建立了"水成论"学派和"火成论"学派，双方持续展开了争论。

21. 17 世纪，英国物理学家牛顿和荷兰物理学家惠更斯各自独立创立了"地扁圆球说"，法国天文台台长卡西尼等人却提出"地长圆球说"，双方围绕地球形状问题展开了激烈争论。

22. 17～20 世纪初，天文学界围绕"星云"是星还是云的问题展开了争论。

23. 17 世纪，英国物理学家牛顿和荷兰物理学家惠更斯针对光的本质问题分别提出了"微粒说"和"波动说"，并由此展开了争论。

24. 17 世纪，法国笛卡尔等人与英国牛顿等人针对物体相互作用机制分别提出了"近距作用论"和"超距作用论"，并由此展开了争论。

25. 17 世纪，法国科学家笛卡尔与德国科学家莱布尼茨分别采用 mv 和 mv2 来表示物体运动的量度。以后，双方围绕物体运动量度问题展开了争论。

26. 1734 年，爱尔兰哲学家贝克莱（1685—1753）围绕微积分中的无穷小量问题与牛顿展开了争论。

27. 1755 年和 1756 年，德国哲学家康德与法国天文学家拉普拉斯先后分别创立了"星云说"，1745 年，法国博物学家布丰创立了"灾变说"。双方围绕宇宙起源的问题展开了争论。

28. 1799 年，法国化学家普鲁斯与贝托雷围绕化合物是否有固定组成的问题展开了争论。

29. 18 世纪，法国哲学家拉美特利提出了"人是机器"的"还原论"，并由此与"反还原论"展开了争论。

30. 18 世纪末，奥地利医生加尔提出了"颅相说"，而心理学家莱士利则提出了"脑量说"。双方围绕人脑功能定位问题展开了争论。

31. 1801 年和 1860 年，英国物理学家 T. 杨和德国物理学家赫尔姆霍兹分别提出了"三色说"；1878 年，物理学家 E. 黑林提出了"颉颃说"，双方围绕人眼分辨颜色机理问题展开了争论。

32.1803 年和 1836 年，瑞典化学家贝采里乌斯和法国化学家罗朗针对无机物和有机物的结构组成，分别提出了"二元说"和"一元说"，并由此展开了争论。

33.1807 年，英国化学家道尔顿创立了原子论，法国化学家盖吕萨克创立了气体化学反应定律，遭到道尔顿的反对，双方展开了争论。

34.1824 年，德国化学家维勒首先在实验中人工合成了有机物——尿素，遭到"活力论"者们的反对，双方展开了激烈的争论。

35.1843 年，英国物理学家焦耳测量了热功当量值，有力地支持了"热动说"，结束了长达 1000 多年的"热质说"与"热动说"之争。

36.1854 年，德国物理学家克劳修斯（1822—1888）提出了热力学第二定律，创立了"热寂说"。该学说发表后，遭到科学家玻耳兹曼和恩格斯等人的反对，双方展开了争论。

37.1860 年，法国微生物学家巴斯德通过微生物实验研究，否定了"自然发生论"，肯定了"有亲生殖论"，遭到微生物学家普舍的反对，双方展开了激烈争论。

38.1863 年，英国博物学家赫胥黎创立了"人猿同祖论"，并以此与鼓吹"上帝神创论"的牛津主教威尔伯福斯等人展开了激烈争论。

39.1866 年，德国生物学家海克尔（1834—1919）提出了"生物进化重演律"。该理论发表后，引起了广泛的争论。

40.1871 年，达尔文提出了人类起源的"非洲说"。1889 年，荷兰医生杜布瓦提出了"亚洲说"。双方围绕着人类起源的地点问题展开了争论。

41.1874 年，德国数学家康托尔（1845—1918）创立了集合论，遭到了他的老师克朗尼格的反对。在激烈的争论中，康托尔身心受到很大打击，于 1918 年逝世。

42.1884 年，瑞典化学家阿累尼乌斯创立了电离理论，遭到许多化学家的反对，引起了争论。

43.19 世纪，围绕发酵原理问题，"生命说"与"化学说"展开了争论。以后，生物学家们创立了"酶学说"，使上述两种学说由对立走向统一。

44. 16 世纪至 20 世纪 80 年代，在中国文化学界，围绕中西方文化关系问题展开了长达近 4 个世纪的文化争论。

45. 19 世纪末，英国化学家格雷阿姆和德国化学家开库勒围绕高聚物结构组成问题展开了争论。

46. 1903 年，英国科学家罗素（1872—1970）提出了"罗素悖论"。以后，围绕数学的基础问题形成了三大学派：逻辑主义学派、直觉主义学派、形式主义学派。这三个学派之间展开了长期争论。

47. 1909 年，著名物理学家爱因斯坦与物理学家里兹围绕"时间箭头"问题展开了激烈争论。

48. 1913 年，英国物理学家赫韦希（1885—1966）和德国物理学家法杨斯、F. 索迪同时论述了放射性元素在周期系统中的排列问题，并都发现和预言了一些新元素。他们围绕如何确定上述发明优先权问题展开了争论。

49. 1921 年，我国著名地质学家李四光提出了关于中国东部地区存在第四纪冰川的学说，由此引起了长期争论。

50. 1923 年，意大利科学家班丁和麦克劳德因发现胰岛素，并以此治疗糖尿病而获得了诺贝尔医学生理学奖。以后，围绕他们获奖问题展开了争论。

51. 1923 年，我国学者张君劢和丁文江围绕科学与人生观关系问题展开了著名的"科玄之争"。

52. 1926 年，美国青年教师约翰·斯可北斯因向学生传授达尔文进化论而被告上了法庭。

53. 1926 年，德国物理学家玻恩（1882—1970）提出了波函数的统计解释，爱因斯坦等人提出异议，双方展开了争论。直到 1945 年，玻恩以此荣获诺贝尔物理学奖，争论才宣告结束。

54. 1926 年，奥地利著名物理学家薛定谔（1887—1961）与量子物理学家玻尔围绕量子轨道理论展开了争论。

55.1929年，美国天文学家哈勃提出了关于星系"红移"的"哈勃定律"。1932年和1948年，比利时天文学家勒梅特和美国物理学家伽莫夫提出"大爆炸宇宙演化理论"。以后，天文学家发现了类星体，认为与上述理论相矛盾，双方展开了争论。

56.20世纪30年代，法国布尔巴基数学学派提出了"结构论"；20世纪70～80年代，我国数学家吴文俊等人则提出了"纯量论"。由此，围绕数学的研究对象问题展开了争论。

57.20世纪30年代，在苏联地理学界，围绕自然地理与经济地理的关系问题展开了争论。

58.20世纪30年代，日本技术哲学家相川春喜等人提出了"手段说"；村田富二郎则提出了"能力说"。"二战"之后，武谷三男、星野芳郎等人提出了"运用说"。于是，在日本技术哲学界，围绕技术的本质问题展开了争论。

59.1935年，在苏联科学界，围绕遗传与变异问题，"摩尔根学派"与"米丘林学派"展开了争论。

60.1935年，美国著名科学史专家默顿针对科学与宗教问题提出"默顿论题"，并由此引发了争论。

61.1935年，王新命等人提出"中国本位文化论"，陈序经等人提出了"全盘西化论"，双方围绕中西文化关系问题展开了争论。

62.1944年，奥地利理论物理学家薛定谔出版了《生命是什么》一书，引起了争论。

63.1948年，美国物理学家伽莫夫提出了"宇宙大爆炸理论"。以后，围绕着宇宙起源问题，天文学家们展开了争论，产生了"膨胀理论""量子宇宙论""多重发生论""黑洞理论"等学说。

64.1951年，物理学家玻姆研究隐变量问题，遭到量子力学正统学派的反对，双方展开了争论。

65.1958年，心理学家西蒙与人工智能专家魏增巴姆围绕人脑与计算机可否类比问题展开了争论。

66.1967 年，美国心理学家奈塞出版了《认识心理学》一书，认为人脑与电子计算机相似。这种观点遭到了许多科学家反对，引起了争论。

67.20 世纪 70 年代以来，达尔文进化论受到自然科学家和社会科学家的批评，并围绕进化论是否科学的问题，展开了新的争论。

68.1972 年~1988 年，美国、苏联和日本科学家围绕着在冥王星外侧是否存在第十颗行星的问题展开了争论。

69.1974 年，美国生物学界围绕研究重组 DNA 是否会带来潜在的生物危害问题展开了争论。

70.1979 年，美国地质学家阿尔瓦雷斯认为恐龙灭绝是由陨星撞击地球引起的，由此引发一些科学家对"灾变论"的重新评议和争论。

71.1979 年~1985 年，我国学者查汝强与许良英围绕"宇宙无限论"和"宇宙有限无界论"的科学性问题展开了争论。

72.1980 年~1987 年，我国学者查汝强与刘兵等人围绕"谁最先发现了细胞"问题展开了争论。

73.1980 年，美国学者番·弗拉森出版了《科学的影像》一书，主张科学反实在论，遭到了科学实在论者们的反对，由此展开了争论。

74.1981 年，我国学者张秉伦与朱长超围绕是"劳动创造人"还是"劳动选择人"问题展开了争论。

75.1981 年，我国学者围绕修建长江葛洲坝水利枢纽工程如何保护鱼类资源问题展开了争论。

76.1982 年，我国学者围绕"中国近代科技落后原因"问题展开了争论。这场争论迄今尚未结束。

77.1988 年，科学家泰勒与库恩围绕自然科学与人文科学的关系问题展开了争论。

78.1986 年~1987 年，我国学者全观涛与冯必扬围绕"中国古代哲学家为什么没有发现'三段论'的逻辑理论"问题展开了争论。

79.1988 年，我国学者何祚庥与刘兵围绕宇宙是有限还是无限问题展开了争论。

80.1992 年，《中国科学报》转载了日本《科学朝日》杂志发表的《现代科学的七大争论问题》。这七大问题是：宇宙起源，第十颗行星是否存在，生命起源，动物的不同形态是由什么决定的，恐龙为何灭绝，人类起源，"厄尔尼诺"现象是怎样产生的。

81.1995 年和 1997 年，我国学者沈骊天和郝宁湘围绕"热寂说"问题展开了争论。

82.1998 年～1999 年，我国学者金吾伦与何祚庥等围绕"物质是否无限可分"问题展开了争论。